常微分方程式入門

——基礎から応用へ——

常微分方程式入門

——基礎から応用へ——

俣　野　　博　著

岩　波　書　店

まえがき

自然界の諸々の現象をつかさどる法則として今日知られているものの多くは，微分方程式の形で表わされている．空気中を伝わる音や電磁波に代表される波の伝播．静と動が複雑に入り混じる水の流れ．弾性体の変形．熱の伝導．電気回路の発振．衛星や惑星の運動．数え上げればきりがないが，これらの現象は，いずれもその基本的メカニズムが微分方程式を用いて記述できる．遠い惑星に探査機を飛ばしたり，解像度が原子の大きさにせまる電子顕微鏡が設計できるのも，現象の背景にある微分方程式の解析を通して，起こり得る事態を精密に予測したり制御することが可能になったからである．

周知のように，微分方程式は連続量の変化を記述する方程式である．連続な時空間の中での点や剛体の運動を論じたり，あるいは流体や弾性体のような連続体の状態変化を扱うのに微分方程式は適している．一般相対論で取り扱われる時空間の歪曲も無論これに含まれる．たとえばよく話題にのぼるブラックホールの存在も，Einstein 方程式と呼ばれる微分方程式の解析結果に基づいて予言されたものである．

一方，整数のような離散的な量の変化を議論する際には，微分方程式はあまり有効でない．変化が飛び飛びの時間で起こる場合も同様である．しかしながら，実際は個々の H_2O 分子から構成される水がマクロスケールでは連続体として扱えるように，たとえ離散量であっても，その数量が膨大である場合は，これを連続量と見なして微分方程式を適用することがしばしば許される．また，何らかの数列の性質を論じるという，一見微分方程式とは無縁に見える問題においても，その数列の母関数や指数的母関数がどのような微分方程式を満足するかを調べることで貴重な情報が引き出される場合がある．

微分方程式の原型が初めて世に現れたのは 17 世紀初頭のことで，落体の運動の研究に取り組んでいたイタリアの自然科学者 G. Galilei (1564-1642) が加速度一定の法則を発見したことに端を発する．17 世紀後半になって，I. Newton

(1642-1727) および G. W. Leibniz (1646-1716) によって微分積分法の基本原理が確立され，記号と計算法が整備された．ここに及んで微分方程式は確固たる数学的対象として認知され，盛んに研究されるようになった．

今世紀に入って量子力学や相対論などの物理学上の新しい指導原理が生まれ，さらに近年，場の理論の研究が進んで，基礎物理学に用いられる数学理論も大きく様変わりした．また古典的な系に対しても，カタストロフィーの理論やカオスの理論に代表されるような，新しい物の見方の導入が盛んになっている．こうして微分方程式をとりまく環境も大きく変化し，旧来の古典的解析手法に加えて，群論や幾何学などとからめた新しいアプローチが重要性を増してきている．また，ゆらぎの入った物理系を記述する確率微分方程式の有用性も近年注目されている．

本書では大学初年級の知識を前提に，常微分方程式の基礎理論を平易に解説することをめざした．随所に例や図をふんだんに取り入れ，単なるテクニックでなく基本的な考え方がしっかり身につくよう配慮した．本書の特色として，大域的な視点から微分方程式が「わかる」ことに重点を置いており，解の存在定理など幾つかの項目については，いたずらに厳密な記述は避け，証明の概略を述べるにとどめた． 本書を読むだけで常微分方程式がすべてわかるようになるわけではもちろんないが，読者がより進んだ専門書をひもとく際，本書で培った知識や考え方が少なからず役立てばと願っている．

なお，本書は，「岩波講座 応用数学」から出された拙著『微分方程式 I』を単行本にしたものである．原著の執筆の際，校了まで忍耐強く付き合っていただいた岩波書店編集部の皆様に，また，コンピュータによる相図の作成に協力いただいた中村健一氏に，この場を借りて謝意を表します．

2003 年 7 月

俣 野 博

目次

第1章
基礎理論

本章では微分方程式を扱う上で必要となる基本的な概念や方法論について解説する．その際できるだけ具体例を多く配置して読者の理解を助けるように努めた．第2章で扱う線形微分方程式の理論や第3章で扱う定性的理論の伏線となるような具体例も本章に数多く盛られている．

これから微分方程式を学ぼうとする読者は，微分方程式の解がどのようにふるまうかについて，ある程度具体的なイメージがもてるように心がけることが大切である．微分方程式の解のふるまい方は，単純なものから複雑なものにいたるまで，実に多様であり，その多様さを認識する‘感覚’を培うことは，今後より高度な理論を学んだり，自然科学や工学などの分野に微分方程式を応用する際に役立つであろう．こうした感覚は，単に計算問題を数多くこなすだけでは必ずしも磨かれない．本章ではこの点に留意して，微分方程式の解の幾何学的意味づけについて詳しく解説した．なお，本書では扱わなかったが，パソコンなどで解のふるまいの数値シミュレーションを試みるのも参考になるだろう．

微分方程式の解の存在や一意性に関する基本定理は，§1.6にまとめた．

§1.1　微分方程式とは

(a)　常微分方程式と偏微分方程式

求めるべき未知関数に関する情報が，未知関数およびその微分(＝導関数)の間の関係式によって与えられているものを**微分方程式**という．例えば，2本の

電柱の間に張られた電線のたわみ方を表わす懸垂線の方程式

$$\frac{d^2y}{dx^2} = \sqrt{1+\left(\frac{dy}{dx}\right)^2}$$

(§1.4(b)参照)や，真空中の電位ポテンシャル $\varphi(x, y, z)$ がみたす Laplace 方程式

$$\frac{\partial^2\varphi}{\partial x^2}+\frac{\partial^2\varphi}{\partial y^2}+\frac{\partial^2\varphi}{\partial z^2} = 0$$

(第5章参照)などは，微分方程式の典型的な例である．

一般に，ただひとつの独立変数に依存する未知関数 $u(x)$ に対する微分方程式は，適当な関数 F を用いて

$$F\left(x, u, \frac{du}{dx}, \cdots, \frac{d^m u}{dx^m}\right) = 0 \tag{1.1}$$

という形に書ける．式の中に現れる未知関数の微分の最高階数 m を微分方程式(1.1)の**階数**(order)と呼ぶ．関数 $u(x)$ が微分方程式(1.1)の**解**(solution)であるとは，これを(1.1)に代入したとき，$u(x)$ の定義域上いたるところで等式が満足されることをいう．無論，(1.1)において独立変数が x で未知関数が u であることに何ら必然性はない．仮に独立変数が t で未知関数が $x=x(t)$ であれば，対応する微分方程式は

$$F\left(t, x, \frac{dx}{dt}, \cdots, \frac{d^m x}{dt^m}\right) = 0$$

の形に書ける．

ところで，未知関数が複数個の独立変数をもつ場合，微分方程式は未知関数の偏導関数を含む．例えば，$u(x, y)$ に対する2階の微分方程式を最も一般的な形で表わせば，

$$G\left(x, y, u, \frac{\partial u}{\partial x}, \frac{\partial u}{\partial y}, \frac{\partial^2 u}{\partial x^2}, \frac{\partial^2 u}{\partial x\partial y}, \frac{\partial^2 u}{\partial y^2}\right) = 0 \tag{1.2}$$

と書ける．このような方程式を**偏微分方程式**(partial differential equation)と呼ぶ．これに対し，(1.1)のような1独立変数の方程式を**常微分方程式**(ordinary differential equation)と呼んで区別する．偏微分方程式の話は主として第II分冊にゆずり，本章以下第3章までは常微分方程式を取り扱う．

さて，未知関数およびその導関数についての1次式で表わされる微分方程式

を**線形**(linear)方程式と呼び，そうでないものを**非線形**(nonlinear)方程式と呼ぶ．すなわち

$$\frac{\mathrm{d}u}{\mathrm{d}x} = a(x)\,u, \quad \frac{\mathrm{d}^2x}{\mathrm{d}t^2} = -kx$$

などは線形常微分方程式であり，

$$\frac{\mathrm{d}x}{\mathrm{d}t} = x^2$$

や，冒頭に掲げた懸垂線の方程式は非線形常微分方程式である．なお，“線形”は“線型”と書くこともある．

(b)　表記法上の注意

関数 $u=u(x)$ が与えられたとき，その導関数 $\mathrm{d}u/\mathrm{d}x$, $\mathrm{d}^2u/\mathrm{d}x^2, \cdots, \mathrm{d}^m u/\mathrm{d}x^m$ は $u', u'', \cdots, u^{(m)}$ と表記することも多く，これに従えば(1.1)は

$$F(x, u, u', \cdots, u^{(m)}) = 0 \tag{1.3}$$

と表わされる．本書ではいずれの記法も用いる．なお，独立変数が時間変数 t である場合は，t に関する微分を $\dot{u}, \ddot{u}, \cdots$ と書く Newton 流の記法も力学などの分野でよく使われる．この他，微分を $Du, D^2u, \cdots$ で表わす方法もあり，演算子法の取り扱いには便利である(§2.2)．ちなみに，微分を $\mathrm{d}u/\mathrm{d}x$ や $\mathrm{d}u/\mathrm{d}t$ と表わすのは Newton と同時代に微積分法を独立に確立した G. W. Leibniz の流儀である．この記法は，差分商 $\Delta u/\Delta x$ や $\Delta u/\Delta t$ において変化量 $\Delta x, \Delta t$ に‘無限小’の値を代入したものが微分であるととらえる考え方に根ざしている．Leibniz の記法は，変数変換を行なったり導関数を積分したりするような式変形を扱うのに優れている．

ところで方程式(1.3)は，より正確に述べれば，等式

$$F(x, u(x), u'(x), \cdots, u^{(m)}(x)) = 0 \tag{1.3$'$}$$

が未知関数の定義域内の任意の点 x に対して成立することを意味するものである．しかし独立変数が何であるかが明確な場合には通常(1.3)のように略記する．ただし，時間遅れのある微分方程式(章末の演習問題1.13参照)においては，独立変数の値は省略できない．

方程式(1.1)や(1.3)における未知関数 $u(x)$ や左辺の F は，スカラー値で

あることもあれば，

$$u(x)=\begin{pmatrix} u_1(x) \\ u_2(x) \\ \vdots \\ u_n(x) \end{pmatrix}, \quad F=\begin{pmatrix} F_1 \\ F_2 \\ \vdots \\ F_l \end{pmatrix}$$

のようなベクトル値である場合もある．ベクトル値関数の場合，**微分は成分ごとに行なう．**

本書では，常微分方程式論における慣例に従って，ベクトル値とスカラー値を区別した記法はとくに用いない．スカラー値の場合のみを議論したいときは，そのことが前後の文脈から明らかになるように配慮する．

未知関数 $u(x)$ がベクトル値の場合，求めるべき未知関数の個数は実質上複数個となる．したがって，方程式が自然な形で解けるためには，未知関数の個数に見合った数の方程式を揃える必要がある．これから，例外はあるものの一般に $n=l$ でなければならない．このあたりの事情は連立1次方程式の場合と似ている．$n=l=1$ のとき，(1.1)や(1.3)は**単独方程式**と呼ばれ，$n, l \geqq 2$ の場合は，**系**(system)または**連立方程式**と呼ばれる．

なお，本書においては，独立変数は常に**実変数**(すなわち実数体 $\mathbf{R}$ 上を動く変数)であるとし，複素変数の場合は扱わない．

(c) 正規形

次のような形の1階の方程式を常微分方程式の**正規形**(normal form)と呼ぶ．

$$\frac{\mathrm{d}u}{\mathrm{d}x}=f(x,u) \tag{1.4}$$

多くの常微分方程式はこの形に帰着できる．例えば(1.1)が最高階の導関数について解けたとすると，

$$\frac{\mathrm{d}^m u}{\mathrm{d}x^m}=g\left(x, u, \frac{\mathrm{d}u}{\mathrm{d}x}, \cdots, \frac{\mathrm{d}^{m-1}u}{\mathrm{d}x^{m-1}}\right) \tag{1.5}$$

と変形できる．ここで新たな未知関数

$$v_0=u, \quad v_1=\frac{\mathrm{d}u}{\mathrm{d}x}, \quad \cdots, \quad v_{m-1}=\frac{\mathrm{d}^{m-1}u}{\mathrm{d}x^{m-1}}$$

を導入すると，(1.5)は次の方程式系と同値になる．

$$
\begin{cases}
\dfrac{\mathrm{d}v_0}{\mathrm{d}x} = v_1 \\
\quad\vdots \\
\dfrac{\mathrm{d}v_{m-2}}{\mathrm{d}x} = v_{m-1} \\
\dfrac{\mathrm{d}v_{m-1}}{\mathrm{d}x} = g(x, v_0, v_1, \cdots, v_{m-1})
\end{cases}
\tag{1.6}
$$

これをベクトル値の微分方程式に書き直せば(1.4)の形になるから，(1.6)は正規形である．もう少し具体的な例では，**単振動**の方程式

$$
\frac{\mathrm{d}^2x}{\mathrm{d}t^2} = -k^2x \qquad (k \text{ は定数}) \tag{1.7}
$$

は $\mathrm{d}x/\mathrm{d}t = y$, $\mathrm{d}y/\mathrm{d}t = -k^2x$ という正規形に帰着できる．

常微分方程式を正規形で表わしておくと，初期値問題(§1.4(a)参照)を扱う際などに大変便利である．一方，境界値問題(§1.4(b))を扱うときには，(1.1)や(1.5)のような高階方程式のまま残しておいた方が良い場合もある．なお，(1.5)のように最高階の導関数について解けた形になっているものを ***m* 階常微分方程式の正規形**と呼ぶことがある．

§1.2　初等解法

微分方程式の解を具体的な式で書き表わすことを，微分方程式を**解く**という．与えられた微分方程式から解の具体形を求める作業は，通常，不定積分をとる操作を含む有限回の式変形によってなされる．この式変形には，通常の四則演算はもちろん，逆関数をとったり，初等関数に代入する操作も含まれる．このような手順で微分方程式の解を求める方法を，**求積法**(quadrature)という．‘初等解法’とは通常このことを指す．Fourier 変換や Laplace 変換を用いる方法は求積法には含めないが，やはり解の具体形を求める有力な方法である．このほか，級数展開を用いる解法や，摂動論と呼ばれる方法もあり，ある種の問題に対しては非常に有効である．19 世紀半ばに天王星の軌道のずれの計算から海王星が発見されたのはこうした方法による．また，近年では計算機のめざましい発達により，数値計算で解の定量的評価を行なうことが複雑な問題でも可能

となってきている．これらの方法は，いずれもそれ自身では万能とはいえない．それぞれの方法の長所と短所をわきまえて，状況に応じて使い分け，あるいは併用し，また，第3章で述べる定性的理論と組み合わせるなど，多角的アプローチをとることが問題の深い理解につながることが多い．

(a)　一般解と特解

よく知られているように，単独常微分方程式 $y'=y$ の解は次の形で与えられる(解法は本節(b))．

$$y = Ce^x$$

ここで定数 C はどんな値をとってもよい．このような定数を**任意定数**と呼ぶ．上の形の関数で，方程式のすべての解が尽くされる．今度は2階常微分方程式 $y''=ay$ を考えよう．解は，任意定数 C_1, C_2 を用いて

$$a>0 \text{ のとき}\quad y = C_1e^{\sqrt{a}x}+C_2e^{-\sqrt{a}x}$$

$$a=0 \text{ のとき}\quad y = C_1+C_2x$$

$$a<0 \text{ のとき}\quad y = C_1\cos\sqrt{-a}\,x+C_2\sin\sqrt{-a}\,x$$

と書ける(解法は§2.2)．このように，“単独の m 階常微分方程式(1.5)の解は m 個の任意定数を含む形で表わされる”．

なぜ m 個の任意定数が現れるかを求積法の立場から直観的に説明すると，方程式を変形して最終的に未知関数の微分を含まない形にもち込むまでに m 回の積分操作——すなわち微分を消す作業——を要し，積分操作をほどこすたびに任意定数(不定パラメータ)が1個ずつ加わるからである．一方，微分方程式(1.4)の未知関数がベクト値である場合は，微分は1階であるが未知関数の個数が実質上 n 個あり，それぞれの未知関数の微分を消す作業が必要なため，解は通常 n 個の任意定数を含む形で表わされる．このように，方程式の階数や未知関数の個数に見合った数の任意定数を含む形で書き表わされた解を，その方程式の**一般解**と呼ぶ．これに対し，一般解に現れる任意定数に特定の値を代入して得られる個々の解を**特解**(または特殊解)と呼ぶ．

なお，方程式によっては一般解に含まれない解(**特異解**，**異常解**)が現れることがあるので注意を要する(§1.3(f)参照)．

(b)　変数分離型

本節では以下，方程式はすべて単独であるものとする．未知関数を $y=y(x)$ とするとき，

$$\frac{\mathrm{d}y}{\mathrm{d}x} = g(x)h(y) \tag{1.8}$$

の形の微分方程式を**変数分離型**という．これは

$$\frac{\mathrm{d}y}{h(y)} = g(x)\,\mathrm{d}x$$

と形式的に変形し，両辺を積分することで解ける．

$$\int \frac{\mathrm{d}y}{h(y)} = \int g(x)\,\mathrm{d}x$$

上の変形を厳密に正当化するには，例えば置換積分の公式を用いてもよいし，$\mathrm{d}x, \mathrm{d}y$ をそれぞれ‘無限小’の数ととらえる Leibniz 本来の考え方に立ち戻ってもよい．詳細は読者にゆだねる．

ところで上記の解法では $h(y)=0$ となる解は除外されているので，これは別に考える必要がある．ところが，初期値問題の解の一意性定理(§1.6(b))より，そのような解は定数に限るから，それらを見つけ出すのは容易である．

例 1.1　1 階の線形常微分方程式(斉次の場合)

$$\frac{\mathrm{d}y}{\mathrm{d}x} = a(x)y \tag{1.9}$$

$y \neq 0$ として

$$\int \frac{\mathrm{d}y}{y} = \int a(x)\,\mathrm{d}x$$

$$\therefore \quad \log|y| = A(x) + \tilde{C} \qquad (\tilde{C} \text{ は積分定数})$$

ここで $A(x)$ は $a(x)$ の原始関数のひとつである．

$$\therefore \quad y = C\mathrm{e}^{A(x)} \qquad (C \text{ は } 0 \text{ でない任意定数})$$

$y \equiv 0$ も解であることを考え合わせると，結局

$$y = C\mathrm{e}^{A(x)} \qquad (C \text{ は任意定数})$$

が一般解であることがわかる．とくに(1.9)の右辺の a が定数の場合は次の形に書ける．

$$y = C\mathrm{e}^{ax} \qquad (C \text{ は任意定数})$$

（別解） $u = y\mathrm{e}^{-A(x)}$ とおくと，次式を得る．

$$\frac{\mathrm{d}u}{\mathrm{d}x} = \mathrm{e}^{-A(x)}\left\{\frac{\mathrm{d}y}{\mathrm{d}x} - a(x)y\right\} = 0$$

これを解いて，$u(x) = C$ が得られるので，$y = C\mathrm{e}^{A(x)}$ が(1.9)の一般解となる． □

例 1.2 ロジスティク方程式

$$\frac{\mathrm{d}u}{\mathrm{d}t} = u(K-u) \tag{1.10}$$

を考える．これも上と同様に，$u \neq 0, K$ のとき

$$\mathrm{d}t = \frac{\mathrm{d}u}{u(K-u)} = \frac{1}{K}\left(\frac{1}{u} + \frac{1}{K-u}\right)\mathrm{d}u$$

$$\therefore \quad Kt + \tilde{C} = \log\left|\frac{u}{K-u}\right|$$

これより

$$u(t) = \frac{CK\mathrm{e}^{Kt}}{C\mathrm{e}^{Kt}+1} \qquad (C \text{ は任意定数})$$

が一般解となる．ただし，このままでは定数解 $u \equiv K$ が含まれない．そこで $C_1 = 1/C$ とおいて一般解を

$$u(t) = \frac{K}{1 + C_1\mathrm{e}^{-Kt}} \qquad (C_1 \text{ は任意定数})$$

の形に表わすと，$u \equiv K$ を含めることができる．一方，この形だと定数解 $u \equiv 0$ が含まれなくなる．結局，方程式(1.10)においては，特異解(異常解)が存在しないにもかかわらず，すべての解を単一の一般解の表現式で表わすことはできない．（$C = \infty$ あるいは $C_1 = \infty$ とおくのが許されれば別だが．）非線形微分方程式においては，このようなことはしばしば起こる． □

(c) 同次型

$$\frac{\mathrm{d}y}{\mathrm{d}x} = g\left(\frac{y}{x}\right) \tag{1.11}$$

の形の常微分方程式を**同次型**という．$w = y/x$ とおくと

$$\frac{\mathrm{d}w}{\mathrm{d}x} = \frac{g(w) - w}{x}$$

となり，変数分離型に帰着する．

(d)　全微分型

適当な関数 $F(x, y)$ を用いて

$$\frac{\mathrm{d}y}{\mathrm{d}x} = -\frac{F_x(x, y)}{F_y(x, y)} \tag{1.12}$$

の形に書けるものを**全微分型**の常微分方程式という．ここで，$F_x = \partial F/\partial x$，$F_y = \partial F/\partial y$ である．この方程式は形式的に次のように変形できる．

$$\mathrm{d}F(x, y) \equiv F_x(x, y)\mathrm{d}x + F_y(x, y)\mathrm{d}y = 0$$

左辺は F の**全微分**である．$\mathrm{d}F = 0$ ということは，

$$F(x, y) = C \qquad (C\text{ は任意定数}) \tag{1.13}$$

が局所的に成り立つことを意味しており，これを y について解けば解が得られる．言いかえれば，(1.13)は方程式の解を**陰関数**(implicit function)として与えるものである．全微分を用いた議論になれていない読者は，

$$\frac{\mathrm{d}}{\mathrm{d}x}F(x, y(x)) = F_x(x, y(x)) + F_y(x, y(x))\frac{\mathrm{d}y}{\mathrm{d}x} = 0$$

から(1.13)を導いてもよい．

さて，与えられた方程式

$$\frac{\mathrm{d}y}{\mathrm{d}x} = \frac{h(x, y)}{g(x, y)} \tag{1.14}$$

が全微分型であるためには，適当な関数 $Q(x, y)$，$F(x, y)$ が存在して

$$Qh = -F_x, \qquad Qg = F_y$$

と書けねばならないが，$F_{xy} = F_{yx}$ ゆえ，上式から

$$(Qh)_y + (Qg)_x = 0 \tag{1.15}$$

が導かれる．すなわち，(1.15)をみたす $Q(x, y)$ が存在することが，(1.14)が全微分型であるための必要条件である．実は，これは十分条件にもなっている．すなわち，(1.15)の解 Q が見つかれば，それをもとに $F(x, y)$ を構成して方程式(1.14)を全微分型に表わすことができる(証明は省く)．

(1.15)は Q についての1階偏微分方程式(第4章参照)であり，解を見つけ

るのは一般に困難であるが，問題によってはうまく見つかることがある．なお，(b)で述べた変数分離型は，全微分型の特別の場合であることを注意しておく(各自これを確かめよ)．

例 1.3 (Q が x, y の一方だけに依存する例)

$$\frac{\mathrm{d}y}{\mathrm{d}x} = -\frac{x^2+y^2+2x}{2y}$$

この場合，(1.15)は次のように書ける．

$$(x^2+y^2+2x)Q_y+2yQ-2yQ_x = 0$$

第2項，第3項の類似性に着目し，$Q_y=0$, $Q=Q_x$ をみたす関数を求めると，これが上式をみたすのは明らか．よって，$Q=\mathrm{e}^x$ が(1.15)の解になる．F は

$$\mathrm{e}^x(x^2+y^2+2x) = F_x, \quad \mathrm{e}^x\cdot 2y = F_y$$

をみたすようにつくればよい．

$$F(x, y) = \mathrm{e}^x(x^2+y^2)$$

とすれば確かに上の条件を満足するので，

$$\mathrm{e}^x(x^2+y^2) = C \qquad (C \text{ は任意定数})$$

が求める一般解である． □

(e) 1階の線形常微分方程式(非斉次の場合)

$$\frac{\mathrm{d}y}{\mathrm{d}x} = a(x)y+b(x) \tag{1.16}$$

方程式が斉次，すなわち $b\equiv 0$ の場合は例1.1で取り扱った．そのとき解は $y=C\mathrm{e}^{A(x)}$ (ただし $A(x)$ は $a(x)$ の原始関数)で与えられた．これをヒントに，非斉次方程式の解を $y=u(x)\mathrm{e}^{A(x)}$ の形で求めよう．u は

$$\frac{\mathrm{d}u}{\mathrm{d}x} = \mathrm{e}^{-A(x)}b(x)$$

をみたすので，

$$u = \int \mathrm{e}^{-A(x)}b(x)\,\mathrm{d}x+C$$

を得る．よって

$$y = \mathrm{e}^{A(x)}\left\{\int \mathrm{e}^{-A(x)}b(x)\,\mathrm{d}x+C\right\}$$

が一般解となる．このように，斉次方程式の一般解に現れる任意定数を未知関数と見たてて非斉次方程式の解を求める方法を**定数変化法**と呼ぶ．

なお，(1.16)の両辺に $\mathrm{e}^{-A(x)}$ を乗じて

$$\frac{\mathrm{d}}{\mathrm{d}x}\{\mathrm{e}^{-A(x)}y\} = \mathrm{e}^{-A(x)}b(x)$$

の形にいきなりもち込むやり方もよく用いられるが，この方法は本質的には定数変化法と同等である．

(f) x を含まない2階常微分方程式

$$\frac{\mathrm{d}^2y}{\mathrm{d}x^2} = f\left(y, \frac{\mathrm{d}y}{\mathrm{d}x}\right) \tag{1.17}$$

これは，$p=\mathrm{d}y/\mathrm{d}x$ を新たな未知関数，y を新たな独立変数とみなすことにより，

$$p\frac{\mathrm{d}p}{\mathrm{d}y} = f(y, p) \tag{1.18}$$

という1階の方程式に帰着できる．とくに方程式が

$$\frac{\mathrm{d}^2y}{\mathrm{d}x^2} = f(y) \tag{1.19}$$

の形であれば，(1.18)は

$$p\frac{\mathrm{d}p}{\mathrm{d}y} = f(y)$$

という変数分離型となり，

$$\frac{1}{2}p^2 = F(y) + C \qquad (C\ は任意定数) \tag{1.20}$$

が得られる．ここで F は f の原始関数である．これから，

$$\frac{\mathrm{d}y}{\mathrm{d}x} = \pm\sqrt{2F(y)+2C}$$

という，再び変数分離型の方程式が導かれ，結局，解は

$$\pm\int\frac{\mathrm{d}y}{\sqrt{2F(y)+2C}} + C_1 = x$$

なる逆関数表示によって与えられる．

(g)　Riccati 型方程式

$$\frac{\mathrm{d}y}{\mathrm{d}x}+a(x)y^2+b(x)y+c(x)=0 \tag{1.21}$$

の形の方程式を **Riccati 型**の常微分方程式と呼ぶ．a, b, c が特別の場合を除き，初等解法は一般に存在しない．しかし特解がひとつでも見つかると，それを用いて一般解が構成できるという特徴をもっている．

$y_1(x)$ を(1.21)の特解とし，

$$z=1/(y-y_1)$$

とおくと，

$$\frac{\mathrm{d}z}{\mathrm{d}x}=(2ay_1+b)z+a$$

が得られる．これは1階線形方程式なので(e)の方法で一般解が求まる．

(h)　2階線形常微分方程式

$$\frac{\mathrm{d}^2y}{\mathrm{d}x^2}=a(x)\frac{\mathrm{d}y}{\mathrm{d}x}+b(x)y \tag{1.22}$$

係数 a, b が定数の場合は，第2章で述べる一般論から解は簡単に求められる．一方 a, b が定数でないときは，特別の場合を除いて初等解法は存在しない．

〈Riccati 型方程式との関係〉

$$z=\frac{1}{y}\frac{\mathrm{d}y}{\mathrm{d}x}$$

とおくと，

$$\frac{\mathrm{d}z}{\mathrm{d}x}+z^2-a(x)z-b(x)=0$$

という Riccati 型の方程式が得られる．もしこの方程式の特解がひとつ求まれば(g)の方法で一般解が求まり，あとは1階線形方程式

$$\frac{\mathrm{d}y}{\mathrm{d}x}=z(x)y$$

を解いてやれば(1.22)の一般解が得られる．

〈標準形〉

方程式(1.22)において $a(x)\equiv 0$ となっているものを2階線形常微分方程式

の**標準形**と呼ぶ．$a(x) \not\equiv 0$ の場合は，$A(x)$ を $a(x)$ の原始関数のひとつ(すなわち $A(x)=\int a(x)\mathrm{d}x$)とし，

$$z = \mathrm{e}^{-A(x)/2}y$$

とおくと，(1.22)は

$$\frac{\mathrm{d}^2 z}{\mathrm{d}x^2} = \left(b+\frac{a^2}{4}-\frac{a'}{2}\right)z$$

という標準形に帰着される．

ところで，$y_1(x)$ を標準形

$$\frac{\mathrm{d}^2 y}{\mathrm{d}x^2} = b(x)y \tag{1.23}$$

の特解とし，$y(x)$ を(1.23)の任意の解としよう．

$$W = y_1\frac{\mathrm{d}y}{\mathrm{d}x}-y\frac{\mathrm{d}y_1}{\mathrm{d}x}$$

とおくと，$\mathrm{d}W/\mathrm{d}x=0$ が成り立つので W は定数である．これと，

$$\frac{\mathrm{d}}{\mathrm{d}x}\left(\frac{y}{y_1}\right) = \frac{W}{{y_1}^2}$$

から，(1.23)の一般解は次式で与えられることがわかる．

$$y = y_1\left(W\int\frac{\mathrm{d}x}{{y_1}^2}+C\right) \qquad (C,\ W \text{ は任意定数})$$

(演習問題 2.10 および例 2.17 参照)．

なお，(1.23)において $b(x)$ が x の周期関数であるとき，これを Hill の方程式と呼ぶ．これはもともと月の軌道の解析のために導入された方程式であるが，他のさまざまな問題とも深い関連をもっている．

§1.3　解の幾何学的意味づけ

(a)　解曲線

次のような正規形の常微分方程式を考える．

$$x'(t) = f(x(t)) \tag{1.24}$$

ただし，未知関数 $x(t)$ は――したがって f も――n ベクトル値であるとする．n は1以上の整数である．すなわち

$$x(t)=\begin{pmatrix} x_1(t) \\ \vdots \\ x_n(t) \end{pmatrix},\quad f(x)=\begin{pmatrix} f_1(x_1,\cdots,x_n) \\ \vdots \\ f_n(x_1,\cdots,x_n) \end{pmatrix}$$

ここで(1.24)の右辺の f は独立変数 t に直接依存していないことに注意しよう．このような方程式を**自励的**常微分方程式，または単に**自励系**(autonomous system)という．

いま，(1.24)の勝手な解 $x(t)$ をとってきて，変数 t の値を連続的に変えると，n 次元空間 $\mathbf{R}^n$ 内の曲線が描かれる．これを方程式(1.24)の**解曲線**(solution curve)と呼ぶ．各解曲線は，解の通る道筋を表わしている．そこでこれを**軌道**(orbit, trajectory)と呼ぶこともある．

解曲線は，たまに1点のみからなることもあるが，多くの場合は滑らかな曲線である．曲線上の点 $x(t_0)$ におけるこの曲線の接線は，ベクトル

$$x'(t_0)=\begin{pmatrix} x_1'(t_0) \\ \vdots \\ x_n'(t_0) \end{pmatrix}=\lim_{t\to t_0}\frac{1}{t-t_0}\{x(t)-x(t_0)\}$$

に平行であるので(図1.1)，これと(1.24)から，接線はベクトル $f(x(t_0))$ に平行であることがわかる．

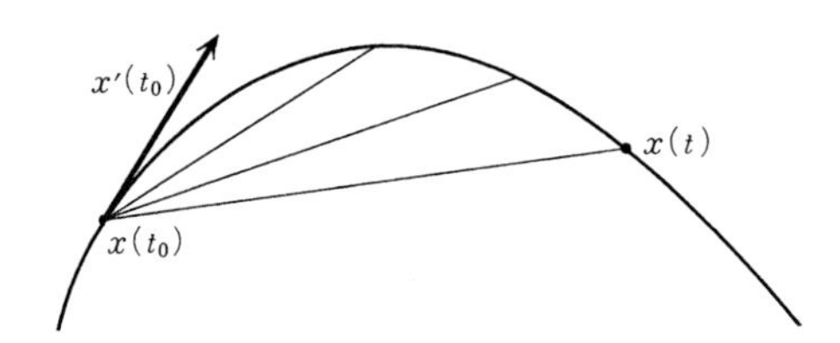

図1.1　曲線の微分と接ベクトル

逆に，空間 $\mathbf{R}^n$ 内の曲線で，各点 x における接線がベクトル $f(x)$ に平行であるものは，(1.24)の解曲線である．なぜなら，この曲線を適当なパラメータ s で表示したものを $y(s)$ で表わすと，上の仮定から，各 s に対し

$$y'(s)=\mu(s)f(y(s))$$

をみたすスカラー値関数 $\mu(s)\neq 0$ が存在する．この曲線を新しいパラメータ

$$t=\int\mu(s)\mathrm{d}s$$

で表示し直したものを $x(t)$ とおくと，$x(t(s))\equiv y(s)$ より

$$\frac{\mathrm{d}x}{\mathrm{d}t} = \frac{\mathrm{d}s}{\mathrm{d}t}\frac{\mathrm{d}y}{\mathrm{d}s} = \frac{1}{\mu(s)}\{\mu(s)f(y(s))\} = f(x(t))$$

が得られ，$x(t)$ は(1.24)をみたす．以上より，次の命題が成り立つ．

命題 1.1　与えられた曲線が方程式(1.24)の解曲線(またはその一部分)になっているための必要十分条件は，曲線上の各点 x における接線がベクトル $f(x)$ に平行であることである．　□

したがって，解曲線を空間内に描くには，ベクトル $f(x)$ の大きさはわからなくても，方向さえわかればよい．空間内の各点 x に $f(x)$ の方向を対応づけたものを**方向場**(direction field)という．方向場を実際に作図するには，同じ長さの短い線分を $f(x)$ と方向が一致するように空間内に並べてやればよい．(無論，$f(x)=0$ となる点では方向が定まらないから，こうした点は除外する．) 例えば，方程式

$$\begin{cases} \dot{x}_1 = x_1 \\ \dot{x}_2 = -x_2 \end{cases}$$

の場合，方向場の概観は 図 1.2(a)のようになる．方向場が具体的に表示されれば，解曲線の大ざっぱな様子が推測できる(図 1.2(b))．

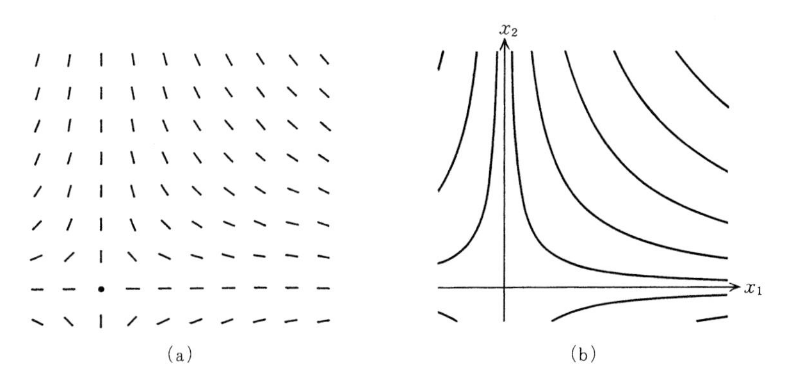

図 1.2　(a) 方向場と (b) 解曲線

(b)　非自励系の解曲線

自励的とは限らない一般の微分方程式

$$x'(t) = f(t, x(t)) \tag{1.25}$$

の場合，方向場は時間とともに刻々と変化するので，図1.2のような方法で解 $x(t)$ の定める曲線を空間 $\mathbf{R}^n$ 内に描くことはできない．(ここでは話をわかりやすくするため，t を時間変数とみたててある．) それればかりではなく，こうした曲線を $\mathbf{R}^n$ 内に仮に図示し得たとしても，非常に煩雑なものになりかねない．そこで，非自励系(1.25)においては，$n+1$ 次元空間の中の曲線 $(t, x(t))$ を**解曲線**と呼ぶのが普通である．これは，t 軸を横方向にとれば，関数 $t \mapsto x(t)$ のグラフを表わす曲線にほかならない．

自励系(1.24)は(1.25)の特別の場合であるので，「解曲線」といった場合，それが曲線 $x(t)$ を指すこともあれば，$(t, x(t))$ を指すこともある．どちらであるかは前後の文脈から判断するほかない．自励系であることがはっきり意識されている場合，普通は前者の意味で用いられる．本書では，混乱を避けるため，「解曲線」は前者の意味に理解し，後者は「解のグラフ」と呼んで区別する．なお，「軌道」という言葉は常に前者に対して用いられる．

(c) ベクトル場と積分曲線

空間内の各点にベクトルが対応づけられたものを**ベクトル場**(vector field)という．磁場，電場，流体の速度場などはいずれもベクトル場である．D が n 次元の領域であれば，D 上のベクトル場とは，D の上で定義された $\mathbf{R}^n$ 値関数にほかならない．

領域 D 上のベクトル場 $v(x)$ が与えられているとする．D 内の曲線で，その上の各点 x における接線がベクトル $v(x)$ に平行であるものを，ベクトル場 v

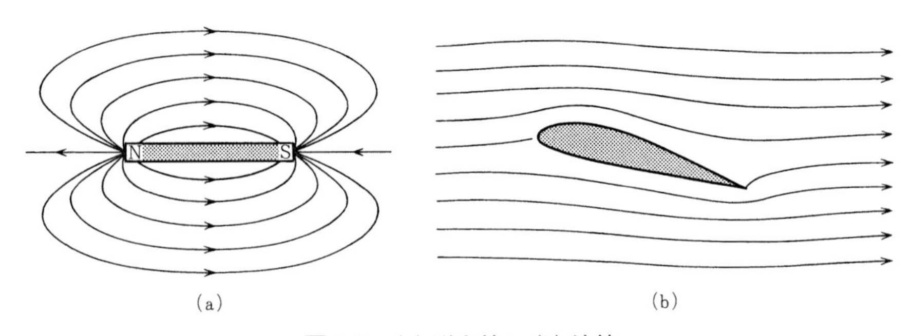

図1.3　(a) 磁力線と (b) 流線

の**積分曲線**(integral curve)という．命題1.1より，これは微分方程式

$$x'(t) = v(x(t)) \tag{1.26}$$

の解曲線にほかならない．与えられたベクトル場が磁場であればその積分曲線を**磁力線**といい，流体の速度場であれば**流線**という(図1.3)．

(d)　曲面上のベクトル場

球面やトーラス面のような曲面に対しても，その上のベクトル場を考えることができる．いま，M を滑らかな曲面としよう．M 上のベクトル場とは，M の各点 x に，x における M の**接ベクトル**のひとつを対応させる写像のことである．ところで，点 x における M の接ベクトル全体は平面と同一視できるので，**接平面**と呼ばれる．以下これを T_xM で表わすと，M 上のベクトル場 $v(x)$ は，次のような写像になる．

$$v:\ x \longmapsto v(x) \in T_xM$$

M 上の曲線 γ が $v(x)$ の積分曲線であるとは，γ の各点 x における接線が $v(x)$ に平行であることをいう(図1.4)．

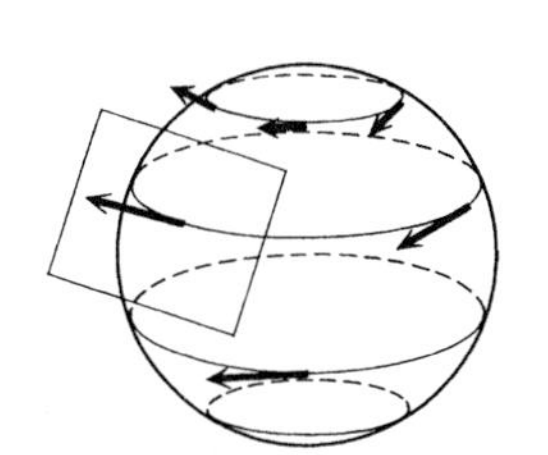
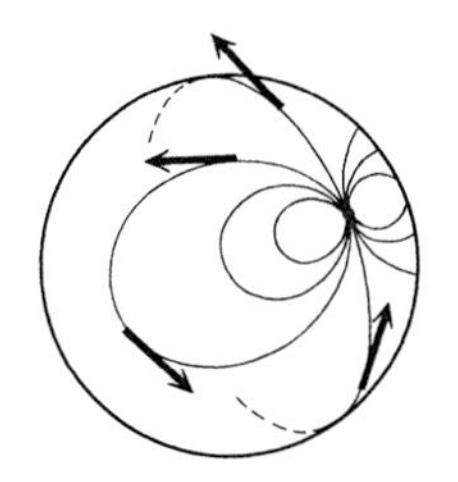

図1.4　球面上のベクトル場と積分曲線

前と同様，これは微分方程式(1.26)の解曲線にほかならない．ただし，今の場合，微分方程式は曲面 M の上で定義されているので，

$$x(t) \in M, \quad \frac{\mathrm{d}}{\mathrm{d}t}x(t) \in T_{x(t)}M$$

となる．この点にさえ留意しておけば，曲面上の微分方程式もこれまでと同じように扱うことができる．

曲面に限らず，M が一般の n 次元(可微分)多様体である場合も事情はまったく同じである．曲面が‘曲がった’面を表わすように，n 次元多様体とは‘曲が

った' 空間を表わす概念である(曲がっていない平坦な多様体とは，Euclid 空間のことにほかならない)．M 上の点 x における接ベクトルの全体を T_xM で表わし，**接空間**と呼ぶ．これは n 次元ベクトル空間である．

注意 1.1　ところで，これまで断りなく n 次元 Euclid 空間を $\mathbf{R}^n$ で表わしてきたが，この記法には多少の注意が必要である．というのも，$\mathbf{R}^n$ はそもそも n 次元の数ベクトル

$$x = \begin{pmatrix} x_1 \\ \vdots \\ x_n \end{pmatrix}$$

全体のなすベクトル空間を表わす記号であり，ベクトル空間の構造が必ずしも入っていない n 次元 Euclid 空間とは多少意味合いを異にするからである．後者は $\mathbf{E}^n$ で表わすことが多い．しかしながら，「数直線」という概念を通して直線と実数全体の集合 $\mathbf{R}$ が同一視できるように，空間 $\mathbf{E}^n$ 内に原点と直交座標軸を定めてやることで空間内の各点と数ベクトルの間に自然な対応がつけられるので，$\mathbf{E}^n$ と $\mathbf{R}^n$ を同一視しても混乱は生じない．そこで本書では，n 次元 Euclid 空間を $\mathbf{R}^n$ で表わすことにする．通常の 3 次元空間は $\mathbf{R}^3$，平面は $\mathbf{R}^2$ である．こうした方が，解の具体的な計算はやりやすい．

ちなみに，もし $\mathbf{E}^n$ と $\mathbf{R}^n$ を厳密に区別し，(1.24)や(1.25)を n 次元 Euclid 空間上の微分方程式とみなした場合は，$T_x\mathbf{E}^n = \mathbf{R}^n$ ゆえ，

$$x(t) \in \mathbf{E}^n, \quad x'(t) \in \mathbf{R}^n, \quad f \in \mathbf{R}^n$$

と理解されるべきであることは，曲面の場合に注意した通りである．

なお，第 2 章で扱う線形微分方程式の場合は，そもそも未知関数 $x(t)$ が特定の基準状態からのズレ(変位)を表わすベクトルを意味することが多い．したがってこの場合は，最初から $x(t) \in \mathbf{R}^n$ と理解するのが正しい．

(e)　水の流れと流線

(c)で述べたように，流体の速度場の積分曲線を流線という．流体の速度場が時間によらない場合，この流れを '定常流' と呼び，時間に依存する場合を '非定常流' と呼ぶ．

非定常流の場合，速度場は時間をパラメータとして

$$x \longmapsto v(t, x)$$

と表わされる．各時刻 t を固定するごとに v は空間内のベクトル場であり，その積分曲線が流線である．これは言いかえれば，流線は，各時刻 t において，

微分方程式

$$\frac{\mathrm{d}x}{\mathrm{d}s} = v(t, x(s)) \tag{1.27}$$

の解曲線として得られ，時間が変化すれば一般に流線の様子も変化する．

一方，流体の流れに逆らわずに運動する仮想的な微粒子を考え，その動きを追ってみると，微粒子の各時刻 t における位置 $x(t)$ が微分方程式

$$\frac{\mathrm{d}x}{\mathrm{d}t} = v(t, x(t)) \tag{1.28}$$

を満足することは容易にわかる．この解曲線が微粒子の軌跡を表わすわけだが，定常流でない限り(1.27)と(1.28)は異なる方程式である．このことから，流れに沿って運動する微粒子の軌跡と流線は定常流の場合は一致するが，一般には異なることがわかる．

(f) 包絡線

$$y = x\frac{\mathrm{d}y}{\mathrm{d}x} + f\left(\frac{\mathrm{d}y}{\mathrm{d}x}\right) \tag{1.29}$$

の形の微分方程式を **Clairaut**(クレーロー)**型**の微分方程式と呼ぶ．両辺を微分して整理すると

$$\left\{x + f'\left(\frac{\mathrm{d}y}{\mathrm{d}x}\right)\right\}\frac{\mathrm{d}^2y}{\mathrm{d}x^2} = 0$$

$$\therefore \quad x + f'\left(\frac{\mathrm{d}y}{\mathrm{d}x}\right) = 0 \quad \text{または} \quad \frac{\mathrm{d}^2y}{\mathrm{d}x^2} = 0$$

となり，後式から $y = Cx + \tilde{C}$ を得る．これが(1.29)をみたすためには，$\tilde{C} = f(C)$ でなければならない．これより，(1.29)の一般解が次の形で求まる．

$$y = Cx + f(C) \qquad (C \text{ は任意定数})$$

一方，前式の $x + f'(\mathrm{d}y/\mathrm{d}x) = 0$ が成り立つ場合は，$p = \mathrm{d}y/\mathrm{d}x$ をパラメータとみなして，解のパラメータ表示

$$\begin{cases} x = -f'(p) \\ y = xp + f(p) \end{cases}$$

が得られる．この解は，一般解が定める直線群の**包絡線**(envelope)に対応している(図1.5)．これは特異解(異常解)である．

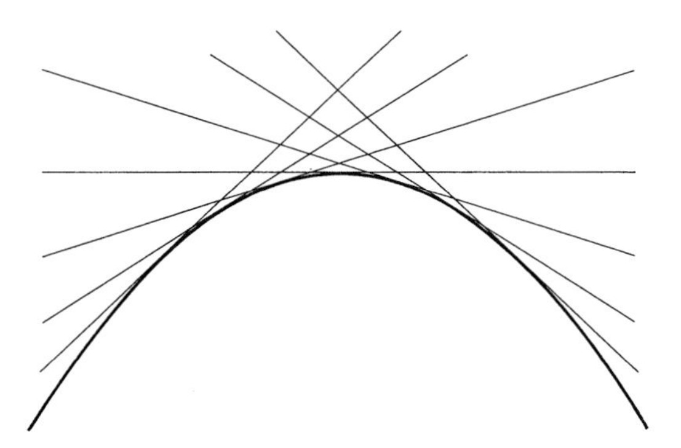

図 1.5 $f(p)=p^2/2$ の場合の Clairaut 型方程式の一般解(直線群)と特異解(太い曲線)

§1.4 初期値問題と境界値問題

何らかのメカニズムによって刻々と状態が変化する物理的系が与えられたとき，その現在の状態を知ることで長期的な将来にわたる状態の移り変わり——これを系の**時間発展**という——を予測しようという試みは，これまで数多くの問題に対して手がけられてきた．微分方程式の初期値問題は，多くはこうした問題の研究から派生したものである．一方，境界値問題とは，2本の電柱の間に張った電線のたわみ方を記述する問題のように，両端点における何らかの情報——例えばそれぞれの電柱の高さなど——が解を特定するカギとなるような性質の問題である．

その歴史的由来からすれば，初期値問題においては独立変数が時間変数であるのがふさわしく，境界値問題においては独立変数が空間変数であるのが自然である．しかし実際は，独立変数が空間変数であるような初期値問題は少なくないし，古典力学の変分法による定式化のように，独立変数が時間変数であるような境界値問題もしばしば現れる．そもそも微分方程式論の立場からすれば，変数がどのような物理的意味をもとうが本質的なことではない．とはいえ，本節では説明の便宜上，初期値問題においては時間変数 t を，境界値問題においては空間変数 x を独立変数として採用し，話を進めることにする．

(a) 初期値問題

微分方程式

$$\frac{\mathrm{d}u}{\mathrm{d}t} = f(t, u) \tag{1.30}$$

の解 $u(t)$ で，条件

$$u(t_0) = \eta \tag{1.31}$$

をみたすものを求める問題を，常微分方程式(1.30)に対する**初期値問題**(initial value problem)という．ここで t_0 はあらかじめ与えられた実数で，これを**初期時刻**という．(1.31)を**初期条件**(initial condition)，その右辺に現れる η を**初期値**あるいは**初期データ**と呼ぶ．

初期値問題の解は，初期時刻 t_0 を含む適当な区間の上で定義される．どのような区間の上で定義されているかを，あらかじめ指定しないことも多い．いま，$u(t)$ および $\tilde{u}(t)$ が初期値問題(1.30)，(1.31)の解で，それぞれの定義域 I, $\tilde{I}$ の間に $I \subset \tilde{I}$ なる関係があり，しかも I 上では u と $\tilde{u}$ が一致するとしよう．このとき $\tilde{u}$ を解 u の**延長**(extension)という．解 u の延長が u 自身に限られるとき，これを**延長不能解**と呼ぶ．容易にわかるように，初期値問題のいかなる解も，延長不能解にまで延長することができる．

解の定義域が明示されていない初期値問題においては，「解」といえば多くの場合，延長不能解を指す．これに対し，初期時刻 t_0 の近傍の上だけで定義された解を**局所解**(local solution)と呼ぶ．また，定義域が $\mathbf{R}$ 全体であるような解を**大域解**(global solution)と呼ぶ．上に述べたように，どのような局所解も延長不能解にまで延長できるが，それが大域解であるとは限らない(例1.5参照)．なお，初期時刻以降の解のふるまいのみに着目している場合は，区間 $[t_0, \infty)$ の上で定義された解を大域解と呼ぶこともある．

さて，高階方程式

$$\frac{\mathrm{d}^m u}{\mathrm{d}t^m} = f\left(t, u, \frac{\mathrm{d}u}{\mathrm{d}t}, \cdots, \frac{\mathrm{d}^{m-1}u}{\mathrm{d}t^{m-1}}\right)$$

の場合は，初期条件は通常次の形に書かれる．

$$\frac{\mathrm{d}^k u}{\mathrm{d}t^k}(t_0) = \eta_k \qquad (k = 0, 1, \cdots, m-1)$$

ここで $\mathrm{d}^0u/\mathrm{d}t^0(t_0)$ は $u(t_0)$ を意味するものとする．(1.6)と同様の変形により，上の初期値問題は，正規形の初期値問題(1.30)，(1.31)に帰着する．

例1.4　単独の1階線形方程式に対する初期値問題

$$\begin{cases} x' = \lambda x \\ x(0) = x_0 \end{cases}$$

を考える．λ は定数である．例1.1で見たように，方程式の一般解は $x(t) = C\mathrm{e}^{\lambda t}$ で与えられる．初期条件をみたすように任意定数 C の値を定めると

$$x(t) = x_0\mathrm{e}^{\lambda t}$$

が上の初期値問題の解となることがわかる．□

例1.5　非線形方程式に対する初期値問題

$$\begin{cases} x' = x^2 \\ x(0) = x_0 \end{cases} \tag{1.32}$$

を考える．方程式は変数分離法(§1.2(b))で簡単に解けて，初期値問題の解は次のように表わされる．

$$x(t) = \frac{x_0}{1-x_0t}$$

ただしこの関数は，$x_0 \neq 0$ の場合には $t=1/x_0$ において定義されない．よって(1.32)の延長不能解の定義域は，初期時刻が $t=0$ であることを考えると

$$\begin{array}{ll} x_0 = 0 \text{ のとき} & -\infty < t < \infty \\ x_0 > 0 \text{ のとき} & -\infty < t < 1/x_0 \\ x_0 < 0 \text{ のとき} & 1/x_0 < t < \infty \end{array}$$

となる．$x_0 \neq 0$ のとき大域解は存在せず，$t \to 1/x_0$ とすると $|x(t)| \to \infty$ となる．このような現象を解の**爆発**(blow up)と呼ぶ．□

例1.6(空気抵抗を考慮した落体の運動)　高い所から物体を落下させ，その位置(高度)が時間とともにどう変化するかを考える．物体が受ける空気抵抗の大きさは落下速度に比例すると仮定し，その比例定数を μ とおく．時刻 t における物体の高度を $y(t)$ とおくと，これは次の微分方程式をみたす．

$$y'' = -\frac{\mu}{m}y' - g \tag{1.33}$$

ここで g は重力加速度，m は物体の質量を表わす定数である．時刻 $t=0$ で物

体が放たれた瞬間の高度を h，初速度(上向きを正とする)を v とすると，

$$y(0) = h, \quad y'(0) = v \tag{1.34}$$

が成り立つ．方程式(1.33)の解で初期条件(1.34)をみたすものを求めればよい．解を計算するには，例えば y' を新たな未知関数として(1.16)の形にもち込むのも一法である．こうして次式が得られる．(ここで $\lambda = \mu/m$ とおいた．)

$$y(t) = h + v\frac{1-\mathrm{e}^{-\lambda t}}{\lambda} + g\frac{1-\lambda t-\mathrm{e}^{-\lambda t}}{\lambda^2}$$

上式から，次のことがわかる(各自これを確かめよ)．

(1)　落体の速度は，次第に一定値 $-g/\lambda$ に近づく．

(2)　無重力状態下で物体をほうり投げると，空気抵抗のため，物体は最終的に有限の距離($=v/\lambda$)しか進まない．　□

(b)　境界値問題

有界区間 $a \leqq x \leqq b$ の上で定義された関数 $u(x)$ で微分方程式

$$F\left(x, u, \frac{\mathrm{d}u}{\mathrm{d}x}, \frac{\mathrm{d}^2u}{\mathrm{d}x^2}\right) = 0 \qquad (a < x < b) \tag{1.35}$$

を満足し，かつ区間の両端点において条件

$$u(a) = \alpha, \quad u(b) = \beta \tag{1.36}$$

をみたすものを求める問題を**境界値問題**(boundary value problem)という．また，条件(1.36)を**境界条件**(boundary condition)と呼ぶ．境界条件には，このほかにもいろいろなタイプがある．代表的なものを以下に掲げた．

(1)　$u(a) = \alpha, \quad u(b) = \beta$　　第1種境界条件

(2)　$u'(a) = \alpha, \quad u'(b) = \beta$　　第2種境界条件

(3)　$u'(a) + ku(a) = \alpha, \quad u'(b) + lu(b) = \beta$　　第3種境界条件

(4)　$u'(a) = h_1(u(a)), \quad u'(b) = h_2(u(b))$　　非線形境界条件

ここで α, β, k, l は与えられた実数，h_1, h_2 は与えられた関数である．第1種および第2種境界条件は，それぞれ **Dirichlet 境界条件**および **Neumann 境界条件**とも呼ばれる．

(1.35)は2階の常微分方程式であったが，もっと高階の常微分方程式に対する境界値問題を考えることもできる．この場合は，与える境界条件の個数も方

程式の階数に応じて増えるのが通例である．なお，境界条件を指定する場所は必ずしも区間の端点でなくてよい．上の例のように区間の両端点でのみ境界条件が与えられている問題を，とくに‘2点境界値問題’と呼ぶことがある．

例1.7　空間次元が1の場合のLaplace方程式に対する境界値問題(第1種および第2種)は次の形に書ける．

$$\begin{cases} \dfrac{\mathrm{d}^2u}{\mathrm{d}x^2} = 0 & (0 < x < 1) \\ u(0) = \alpha, & u(1) = \beta \end{cases} \tag{1.37}$$

$$\begin{cases} \dfrac{\mathrm{d}^2u}{\mathrm{d}x^2} = 0 & (0 < x < 1) \\ u'(0) = \gamma, & u'(1) = \delta \end{cases} \tag{1.38}$$

空間次元が2以上の場合はLaplace方程式は偏微分方程式となるので，これは第II分冊で扱う．空間次元が1の場合は方程式は簡単に解けて，一般解は

$$u(x) = C_1x+C_2 \qquad (C_1, C_2 \text{ は任意定数})$$

で与えられる．これが境界条件を満足するように C_1, C_2 を定めればよい．こうして次の結論を得る．

(1)　どんな α, β に対しても第1種境界値問題(1.37)の解は一意的に存在し，次の形に書ける．

$$u(x) = \alpha+(\beta-\alpha)x$$

(2)　$\gamma=\delta$ のとき，第2種境界値問題(1.38)の解は

$$u(x) = \gamma x+C \qquad (C \text{ は任意定数})$$

で与えられる．$\gamma\neq\delta$ のとき解は存在しない．　□

例1.8　λ を定数として，次の境界値問題を考える．

$$\begin{cases} \dfrac{\mathrm{d}^2u}{\mathrm{d}x^2}+\lambda u = 0 & (0 < x < 1) \\ u(0) = u(1) = 0 \end{cases} \tag{1.39}$$

上の微分方程式の一般解は，(1.19)の方法で計算できなくもないが，これが線形方程式であることに着目して§2.2の一般論を適用すれば次式が得られる．

$$u(x) = C_1\mathrm{e}^{\sqrt{-\lambda}\,x}+C_2\mathrm{e}^{-\sqrt{-\lambda}\,x} \qquad (\lambda < 0 \text{ のとき})$$

$$u(x) = C_1\cos\sqrt{\lambda}\,x+C_2\sin\sqrt{\lambda}\,x \qquad (\lambda \geqq 0 \text{ のとき})$$

これが境界条件を満足するためには，$\lambda<0$ のときは $C_1=C_2=0$ であることが

必要十分であり，$\lambda \geqq 0$ のときは $C_1=0,\ C_2\sin\sqrt{\lambda}=0$ となることが必要十分である．このことから，上の境界値問題の解は次のようになる．

(1)　ある正整数 k に対して $\lambda=k^2\pi^2$ となるとき

$$u(x) = C\sin k\pi x \qquad (C \text{ は任意定数})$$

(2)　それ以外のとき，$u(x) = 0$　□

注意 1.2　ところで，(1.39)を微分作用素 $-\mathrm{d}^2/\mathrm{d}x^2$ に対する**固有値問題**とみなせば，その**固有値**が $\lambda=k^2\pi^2$ $(k=1,2,\cdots)$ で与えられ，対応する**固有関数**が $\sin k\pi x$ となることが上の結果からわかる．ただし，同一の微分作用素であっても，境界条件が異なれば固有値や固有関数は違ったものになることには注意が必要である(演習問題 1.12)．

例 1.9　図 1.6 のように x 軸を水平にとり，$x=a,\ x=b$ において垂直に立てられた 2 本の柱の間に電線を張る．静止状態にある電線がどのようなたわみ方をするか考えてみよう．各水平位置 x における電線の高さを $u(x)$ とおく．電線は一様な線密度(単位長さあたりの質量)をもち，伸び縮みしないものとすると，釣り合いの関係式から次の微分方程式が導かれる．

$$\frac{\mathrm{d}^2u}{\mathrm{d}x^2} = k\sqrt{1+\left(\frac{\mathrm{d}u}{\mathrm{d}x}\right)^2} \tag{1.40}$$

ここで k は適当な定数である．(具体的には，重力加速度を g，電線の線密度を ρ，張力の水平成分を T とおくと，$k=\rho g/T$ と表わされる．) さて，2 本の柱の高さをそれぞれ α, β とおくと，次の境界条件が得られる．

$$u(a) = \alpha, \qquad u(b) = \beta \tag{1.41}$$

まず，方程式(1.40)の一般解を求める．いろいろな方法があるが，ここでは，$p=\mathrm{d}u/\mathrm{d}x$ を未知関数とみなして変数分離法を適用してみよう．

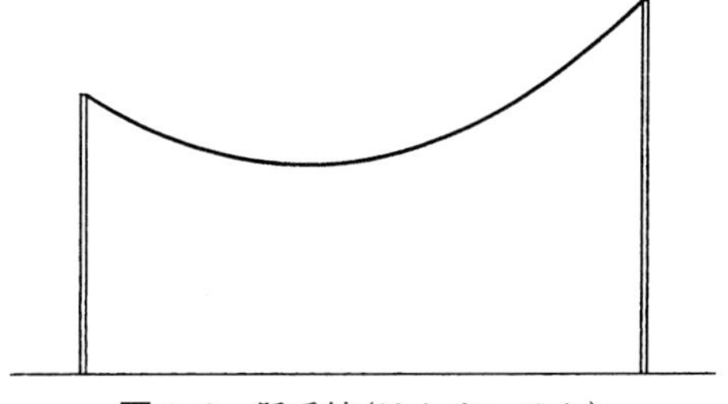

図 1.6　懸垂線(けんすいせん)

$$\int \frac{\mathrm{d}p}{\sqrt{1+p^2}} = \int k\mathrm{d}x$$

$$\log\left(p+\sqrt{1+p^2}\right) = kx+C \qquad (C\text{ は任意定数})$$

$$\therefore \quad \frac{\mathrm{d}u}{\mathrm{d}x} = \frac{1}{2}\{\mathrm{e}^{kx+C} - \mathrm{e}^{-(kx+C)}\}$$

これより，(1.40)の一般解は次のようになる．

$$u(x) = \frac{1}{2k}\{\mathrm{e}^{kx+C} + \mathrm{e}^{-(kx+C)}\} + \tilde{C} \qquad (C, \tilde{C}\text{ は任意定数})$$

あとは境界条件をみたすように定数 $C, \tilde{C}$ を定めてやればよい．上の関数の定める曲線を**懸垂線**と呼ぶ． □

例1.7や例1.8で見たように，一般解に現れる任意定数の個数と同じだけの境界条件をおいても，境界値問題は解をもつとは限らないし，また，解が存在しても一意的とは限らない．これが，初期値問題とは大きく事情を異にしている点である．Laplace方程式の境界値問題については第5章で，偏微分方程式の場合を含めて再説する．関数解析学の視点からの，より一般の境界値問題の理論的取り扱いについては，本講座「関数解析」を参照されたい．

§1.5 解のふるまい

本節では，いくつかの例を通して「相図」の描き方に慣れるとともに，相図から解のふるまいに関するさまざまな情報を引き出す眼力を養うことをめざす．解のふるまいについての，より理論的な取り扱いは第3章で与える．

(a) 解曲線と相図

例1.10 (1.10)で扱ったロジスティク方程式に対する初期値問題

$$\begin{cases} \dfrac{\mathrm{d}x}{\mathrm{d}t} = x(K-x) \\ x(0) = a \end{cases}$$

を考える．解のグラフを，初期値 a をさまざまに変えて描くと図1.7のようになる．容易にわかるように，

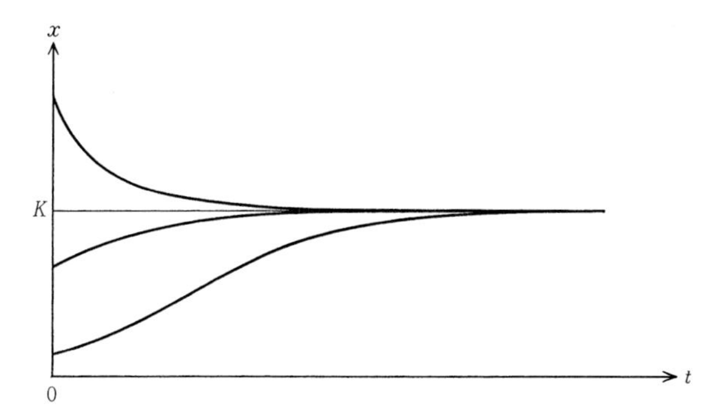

図 1.7 いく通りかの初期値に対するロジスティク方程式の解のグラフ

$$\alpha > 0 \text{ のとき} \quad \lim_{t \to \infty} x(t) = K$$

$$\alpha < K \text{ のとき} \quad \lim_{t \to -\infty} x(t) = 0$$

が成り立つ．このような解のふるまいは，解の具体形を計算したりグラフを描かなくても，**R** 上のベクトル場 $x(K-x)$ の概形だけから判断することも可能である(図 1.8(a))．解曲線(あるいは軌道)は，このベクトル場の積分曲線として得られる．各軌道を，解の変化する向きもわかるように図示すると，図 1.8(b)のようになる． □

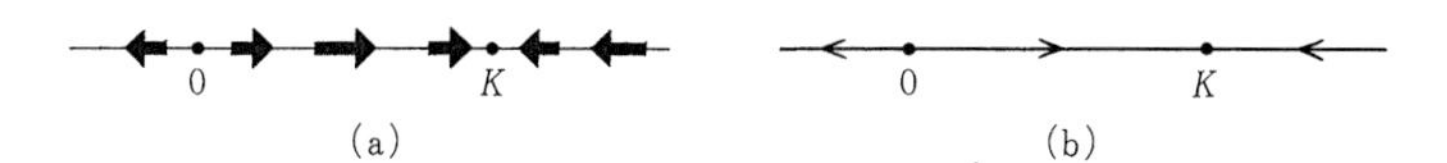

図 1.8 ロジスティク方程式の定める (a) ベクトル場と (b) 解曲線

例 1.11 次の微分方程式系に対する初期値問題を考える．

$$\begin{cases} \dfrac{\mathrm{d}x}{\mathrm{d}t} = x \\ \dfrac{\mathrm{d}y}{\mathrm{d}t} = -y \\ x(0) = \alpha, \quad y(0) = \beta \end{cases}$$

解は $x(t) = \alpha \mathrm{e}^t$, $y(t) = \beta \mathrm{e}^{-t}$ で与えられる．上の方程式系の定める方向場をもとに，さまざまな初期値に対する軌道を xy 平面上に描くと図 1.9 のようになる．矢印は解が軌道上を動く向きを表わす．(関係式 '$x(t) \cdot y(t) =$ 定数' を用

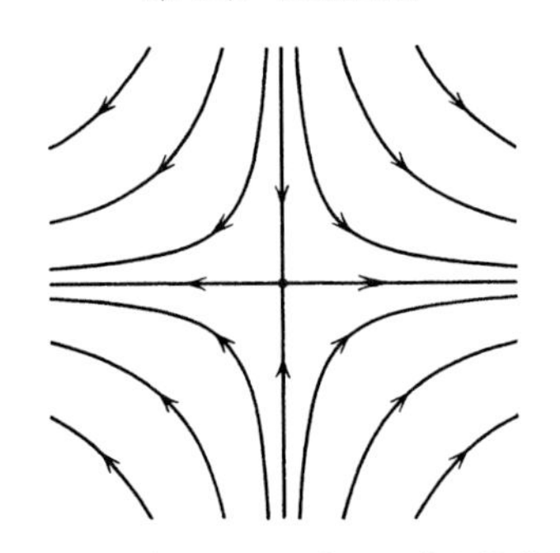

図 1.9　例 1.11 の定める相平面図

いると，より正確な曲線が描ける.）なお，原点に初期値をもつ解はいつまでも同じ位置にとどまる．このような点を**平衡点**と呼ぶ．例 1.10 の場合は $x=0$ および $x=K$ が平衡点である．　□

正規形の 1 階微分方程式系(とりわけ自励系)が，ある領域 D の上で与えられているとき，D をこの方程式系の**相空間**(phase space)または**状態空間**と呼ぶ．D は，曲線や曲面，あるいは一般の多様体であってもよい．相空間内にすべての軌道を描き込んだものを**相図**(phase portrait)または**相空間図**と呼ぶ．無論，無数の軌道を実際に描くことは不可能で，図 1.9 のようにいくつかの軌道を選んで図示した概念図を通常は相図と呼んでいる．なお，D が平面 $\mathbf{R}^2$ またはその部分領域である場合は，これを**相平面図**と呼ぶことも多い．

注意 1.3　物理系の相転移などを扱う際に用いられる '状態図'(phase diagram)のことを '相図' と呼ぶ場合も多いので，混同しないよう注意せねばならない．

例 1.12　次の微分方程式系の相図を描いてみよう．

$$\begin{cases} \dfrac{\mathrm{d}x}{\mathrm{d}t} = -y \\[2ex] \dfrac{\mathrm{d}y}{\mathrm{d}t} = x \end{cases} \tag{1.42}$$

極座標を用いて $x=r\cos\theta$, $y=r\sin\theta$ とおくと，上の方程式系は以下と同値になることがすぐわかる．

$$\frac{\mathrm{d}r}{\mathrm{d}t} = 0, \qquad \frac{\mathrm{d}\theta}{\mathrm{d}t} = 1$$

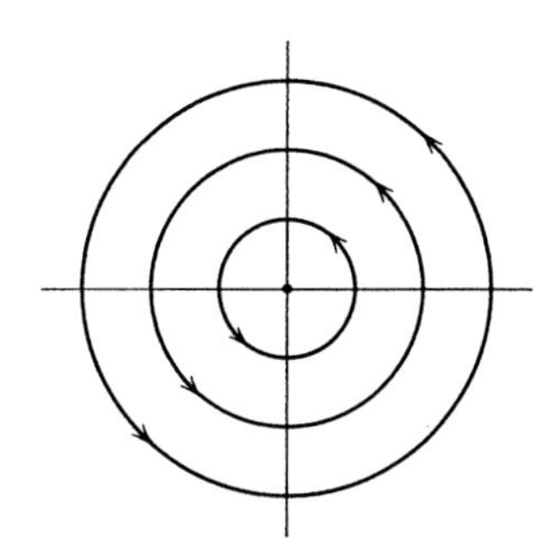

図 1.10　(1.42)の定める相平面図

これより，相平面図は図 1.10 のようになる．　□

(1.42)をやや変形したものとして次の系を考える．

$$\begin{cases} \dfrac{\mathrm{d}x}{\mathrm{d}t} = -y + a(1-x^2-y^2)x \\ \dfrac{\mathrm{d}y}{\mathrm{d}t} = x + a(1-x^2-y^2)y \end{cases} \tag{1.43}$$

ここで a は正の定数である．極座標表示すると，上式は以下と同値になる．

$$\frac{\mathrm{d}r}{\mathrm{d}t} = ar(1-r^2), \quad \frac{\mathrm{d}\theta}{\mathrm{d}t} = 1$$

これより，相図は図 1.11 のようになる．閉曲線 $r=1$ はそれ自身で 1 本の軌道

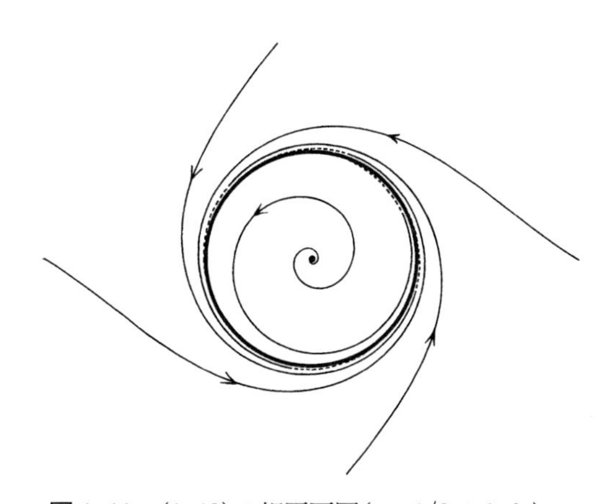

図 1.11　(1.43)の相平面図($a=1/3$ のとき)．
太い円はリミットサイクルを表わす．

になっており，この曲線上に初期値をもつ解は，曲線上を一定の周期で周回する．このような軌道を**閉軌道**(closed orbit)または**周期軌道**(periodic orbit)と呼ぶ．ただし，後者の概念は前者よりやや広いニュアンスで用いられることもある(§3.5定義3.2参照)．ところで，図1.11からわかるように，原点以外の点から出発した軌道は，$t\to\infty$ のとき閉軌道 $r=1$ に引き寄せられていく．このように，それ自身は周期的でない軌道が $t\to\infty$ のとき次第にある閉軌道に引き寄せられる場合，この閉軌道を**極限閉軌道**ないし**極限周期軌道**，あるいは**リミットサイクル**(limit cycle)と呼ぶ．リミットサイクルに引き寄せられる軌道は，漸近周期運動を表わしている．

(b) 振り子の運動と Hamilton 系

例1.13 (単振子(たんしんし)の運動)　点Oに回転軸をもつ振り子の運動を考える．振り子の先端Pに全質量が集中するとし，動径OPの長さは不変であると仮定する．また，振り子の運動は2次元的，すなわち動径OPは点Oを含むある鉛直平面内に拘束されているものとする．時刻 t において動径OPが鉛直下方向となす角度を，反時計回りを正の向きにとって，$\theta(t)$ で表わす(図1.12)．OPの長さを l，重力加速度を g とし，$a=g/l$ とおく．摩擦や空気抵抗が無視できるとすると，簡単な力学的考察から次の微分方程式が得られる．

$$\frac{\mathrm{d}^2}{\mathrm{d}t^2}\theta(t) = -a\sin\theta(t) \tag{1.44}$$

この微分方程式が定める相図を描くために，まず $\omega=\mathrm{d}\theta/\mathrm{d}t$ とおいて1階の正

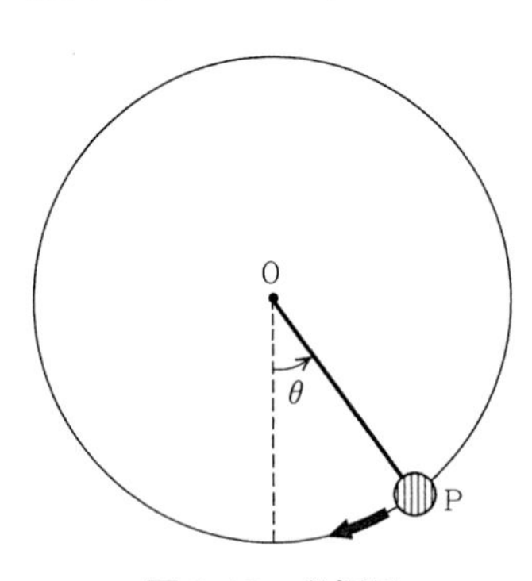

図1.12　単振子

規形に直してみる．

$$\begin{cases} \dfrac{\mathrm{d}\theta}{\mathrm{d}t} = \omega \\ \dfrac{\mathrm{d}\omega}{\mathrm{d}t} = -a\sin\theta \end{cases} \tag{1.45}$$

方程式(1.44)の解曲線は，(1.45)の右辺に現れる $\theta\omega$ 平面上のベクトル場 $(\omega, -a\sin\theta)$ の積分曲線にほかならない．方向場を描いて相図の概形を推測することも困難ではないが，(1.44)の場合は両辺に $\mathrm{d}\theta/\mathrm{d}t$ を乗じて積分することにより，関係式

$$\frac{1}{2}\omega^2 - a\cos\theta = C \qquad (C \text{ は任意定数})$$

が得られるので，これを用いた方がより正確な相図が描ける(図 1.13)． □

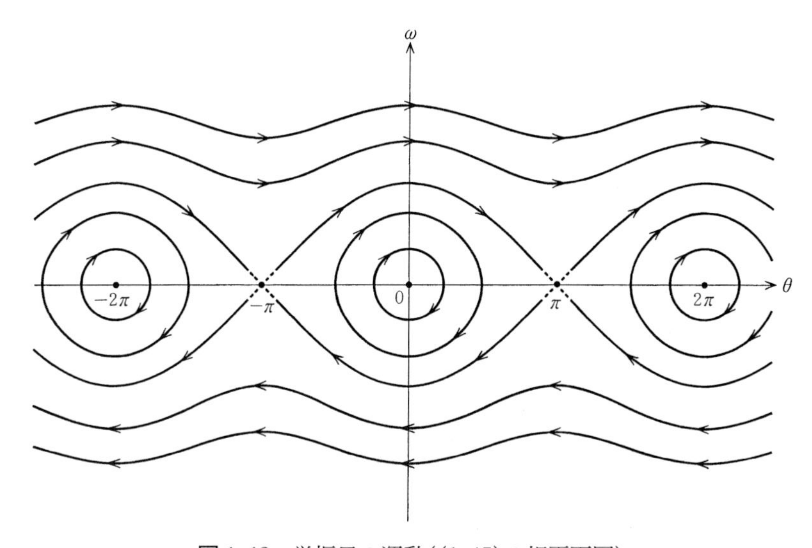

図 1.13 単振子の運動((1.45)の相平面図)

さて，上式の左辺は，振り子の運動エネルギーと位置エネルギーを合わせた力学的エネルギー(正確には，それを質量 m で割ったもの)であり，したがって上式は振り子の力学的エネルギー保存則を表わすものにほかならない．左辺を $H(\theta, \omega)$ とおくと，(1.45)は

$$\begin{cases} \dfrac{\mathrm{d}\theta}{\mathrm{d}t} = \dfrac{\partial}{\partial\omega} H(\theta, \omega) \\[2ex] \dfrac{\mathrm{d}\omega}{\mathrm{d}t} = -\dfrac{\partial}{\partial\theta} H(\theta, \omega) \end{cases} \tag{1.46}$$

と書かれる．古典力学において，運動方程式を上の形に書き表わしたものを**正準方程式**(canonical equations)または **Hamilton 方程式**(Hamilton's equations)と呼ぶ．より一般に，相平面上で定義された実数値関数 H が与えられたとき，(1.46)の形で表わされる微分方程式系を **Hamilton 系**(Hamiltonian system)といい，H を**ハミルトニアン**または **Hamilton 関数**と呼ぶ．容易に確かめられるように，Hamilton 系の各軌道上で H は一定の値をとる．実際，

$$\begin{aligned} \frac{\mathrm{d}}{\mathrm{d}t} H(\theta(t), \omega(t)) &= H_\theta \frac{\mathrm{d}\theta}{\mathrm{d}t} + H_\omega \frac{\mathrm{d}\omega}{\mathrm{d}t} \\ &= H_\theta \cdot H_\omega + H_\omega \cdot (-H_\theta) = 0 \end{aligned}$$

が成り立つ．このことから，Hamilton 系は，何らかの意味で**保存則**(conservation law)が成り立つ系の時間発展を記述する微分方程式系であることがわかる．Hamilton 系については§3.7 で再説する．

ところで，振り子は 2π 回転するとちょうど同じ位置に戻ってくるから，θ, $\theta \pm 2\pi$, $\theta \pm 4\pi$, … は本来区別できない値のはずである．したがって，θ の変域は数直線 $\mathbf{R}$ ではなくて，数直線上の mod 2π で等しい点どうしを同一視して得られる'空間'と考えるのが妥当である．容易にわかるように，この'空間'は本質的に円周と同じものであり，これを以下 S^1 と表記することにすると，相空間は平面 $\mathbf{R}^2$ ではなくて円柱面 $S^1 \times \mathbf{R}$ であることになる．この上に相図を描くと図 1.14 のようになる．

一方，振り子に回転計のようなものが付けられていて，振り子が正の向きに何周回転したか——負の向きの場合は負の回転数とする——が正確に記録されている場合は，θ, $\theta \pm 2\pi$, $\theta \pm 4\pi$, … はすべて異なる位置を表わすことになり，したがって相空間は図 1.13 のように平面になる．なお，図 1.14 は，図 1.13 から帯状領域 $-\pi \leqq \theta \leqq \pi$ を取り出し，その両端の直線 $\theta = -\pi$ と $\theta = \pi$ を貼り合わせて得られたものと解釈することもできる(§3.6 例 3.12 参照)．

相図を眺めると，振り子の運動には以下の 4 種類があることに気づく．

(1)　静止状態

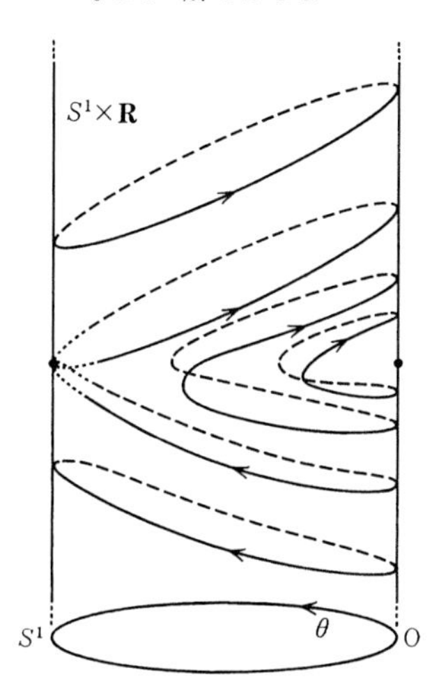

図 1.14　単振子の運動(円柱面上の相図)

(2)　周期的な往復運動

(3)　一定方向への回転

(4)　静止状態と静止状態を結ぶ軌道

上記の(1)は平衡点に，(2)は閉軌道に対応している．(3)は，図 1.14 では閉軌道に，図 1.13 においては非有界な軌道に対応している．なお，静止状態のうち，振り子が真下の位置にあるもの(平衡点 $(2k\pi, 0)$ に対応)は‘安定’であり，真上の位置にあるもの(平衡点 $((2k+1)\pi, 0)$ に対応)は‘不安定’である．この点については§3.3で議論する．

(c)　エネルギー散逸と Lyapunov 関数

例 1.14 (摩擦のある振り子の運動)　摩擦や空気抵抗によって制動力が働く場合を考えよう．制動力の大きさが振り子の速さに比例すると仮定すると，振り子の運動方程式は次のように書ける．

$$\frac{\mathrm{d}^2\theta}{\mathrm{d}t^2} = -a\sin\theta - b\frac{\mathrm{d}\theta}{\mathrm{d}t} \tag{1.47}$$

ここで b は正の定数である．正規形に書き直すと

$$\begin{cases} \dfrac{\mathrm{d}\theta}{\mathrm{d}t} = \omega \\ \dfrac{\mathrm{d}\omega}{\mathrm{d}t} = -a\sin\theta - b\omega \end{cases} \tag{1.48}$$

となる．残念ながらこの方程式を初等解法で解くことはできない．方向場を描いて相図の概形を推測することは可能であるが，より正確な相図を描くためには，各平衡点 $(\theta,\omega)=(k\pi,0)$ (ただし $k=0,\pm1,\pm2,\cdots$)の近傍における解曲線のふるまいについて詳細な解析が必要である．というのも，図1.15からわかるように，この方程式の場合は平衡点の付近で相図がもっとも入り組んでいるからである．平衡点付近の解析は，方程式を線形化することで比較的簡単に行なえるが，これについては§3.3で述べる．　□

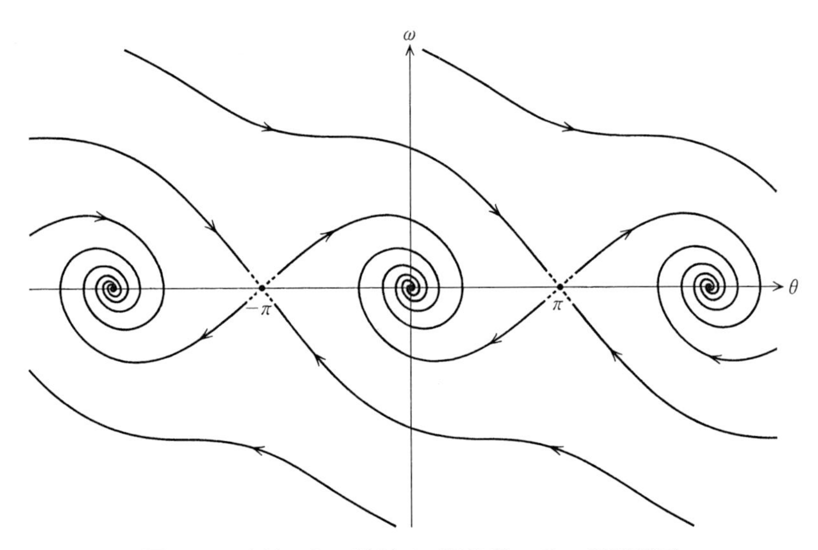

図1.15　摩擦のある単振子の運動((1.48)の相平面図)

さて，相平面上の関数 J を

$$J(\theta,\omega) = \frac{1}{2}\omega^2 - a\cos\theta$$

によって定義すると，(1.48)の任意の解 $(\theta(t),\omega(t))$ に対し

$$\frac{\mathrm{d}}{\mathrm{d}t}J(\theta(t),\omega(t)) = -b\{\omega(t)\}^2 \leqq 0 \tag{1.49}$$

が成り立つ．よって J の値は各解曲線に沿って単調非増大(広義単調減少)である．このことから，(1.49)には閉軌道が存在しないことがわかる．なぜなら，もし解 $(\theta(t), \omega(t))$ が閉軌道を描くとすると，$J(\theta(t), \omega(t))$ は t の周期関数となるはずだが，一方，上で述べたように，$J(\theta(t), \omega(t))$ は単調非増大であるから，結局この値は t に依存しない定数になる．これと(1.49)から，$\omega(t) \equiv 0$ $(= \mathrm{d}\theta/\mathrm{d}t)$ が導かれるが，これは解が平衡点にとどまることを意味しており，閉軌道上を動くという仮定に矛盾する．

実は，上の主張をさらに一歩進めて，方程式(1.48)の任意の解が $t \to \infty$ のとき必ず何らかの平衡点に収束することが(1.49)を用いて証明できる．その証明には“極限集合”の概念が必要となるので，§3.6 で再説することにする．

定義 1.1　相空間 X と，その上の自励的微分方程式が与えられているとする．X 上で定義された実数値関数 $J(x)$ が **Lyapunov 関数**であるとは，方程式の任意の解 $x(t)$ に対して $J(x(t))$ が t について単調非増加となることをいう．□

上で見たように，Lyapunov 関数は閉軌道の非存在や解の平衡点への収束を示すのに役立つが，平衡点の安定性理論においても重要な役割を演ずる(§3.3(d)参照)．安定性を議論するだけならば，Lyapunov 関数は相空間全体で定義されている必要はなく，平衡点の近傍で定義されていれば十分である．Lyapunov 関数はまた，軌道の有界性を示すのに用いられることもある(演習問題3.5参照)．

ところで上の例では，Lyapunov 関数 J は振り子の力学的エネルギーを質量 m で割ったものであった．したがって(1.49)は，振り子が動くたびに力学的エネルギーが失われていくことを意味している．摩擦や粘性，拡散などによって何らかのエネルギーが失われていくことを物理学では**散逸**(dissipation)と呼ぶが，Lyapunov 関数の存在は，こうした散逸構造を反映していることが多い．Lyapunov 関数の存在する系は，Hamilton 系とならんで，微分方程式系の代表的なクラスをなしている．

注意 1.4　これまで取り扱った例に現れる相図を眺めると，“相異なる軌道どうしは決して交わったり合流したりしない”ことが見てとれる．一見，軌道どうしが交わっているように見える箇所でも，実際は，交点のように見える部分が平衡点であり，この平衡点をはさんで曲線は別々の軌道に分断されているので，結局，相異なる軌道は共通点をもっていないのである．(例えば図1.13における点 $(\pi, 0)$ がこれにあたる．) この事実は，次節で述べる初期値問題の解に対する一意性定理(定理1.5)を用いて証明できる(命題3.3)．

(d) 勾配系

$F(x)$ を $\mathbf{R}^n$ 内の領域 D の上で定義された実数値関数とする．このとき，ベクトル

$$\nabla F(a) = \begin{pmatrix} \dfrac{\partial F}{\partial x_1}(a) \\ \vdots \\ \dfrac{\partial F}{\partial x_n}(a) \end{pmatrix}$$

を点 a における F の**勾配**(gradient)と呼ぶ．ここで，$\partial/\partial x_k$ は，x の第 k 成分に関する偏微分を表わす．いま，e を長さが1の勝手なベクトルとするとき，点 a における F の e 方向の**方向微分**は

$$\lim_{\varepsilon \to 0} \frac{1}{\varepsilon} \{F(a+\varepsilon e) - F(a)\} = \sum_{k=1}^{n} \frac{\partial F}{\partial x_k}(a)\, e_k = \nabla F(a) \cdot e$$

で与えられる(ここで・はベクトルどうしの内積を表わす)．この値は，e が $\nabla F(a)$ と同じ向きのとき最大値 $|\nabla F(a)|$ をとり，e が $-\nabla F(a)$ と同じ向きのとき最小値 $-|\nabla F(a)|$ をとる．したがって，F の勾配は，各点 a において F の値が最も急激に増加する方向のベクトルであり，そのベクトルの長さが，その方向の F の増加率(すなわち方向微分の最大値)を表わしている．

F の勾配 $\nabla F(x)$ は D 上のベクトル場になる．上に述べた勾配ベクトルの幾何学的意味から明らかなように，各点において，$\nabla F(x)$ は F の**等高面**(D が平面領域の場合は**等高線**)に垂直である．微分方程式

$$\frac{\mathrm{d}x}{\mathrm{d}t} = -\nabla F(x) \tag{1.50}$$

を，関数 F に対する**勾配系**(gradient system)という．$x(t)$ が(1.50)の解であれば

$$\frac{\mathrm{d}}{\mathrm{d}t} F(x(t)) = \nabla F(x(t)) \cdot \frac{\mathrm{d}x}{\mathrm{d}t} = -|\nabla F(x(t))|^2 \leqq 0$$

が成り立つ．よって F は(1.50)の Lyapunov 関数である．

例 1.15　以下，x, y はスカラーであるとする．xy 平面上の関数 $F(x, y) = a^2x^2+b^2y^2$ に対する勾配系は

$$\dot{x} = -2a^2x, \quad \dot{y} = -2b^2y$$

である．一方，F をハミルトニアンとする Hamilton 系は，

$$\dot{x} = 2b^2y, \quad \dot{y} = -2a^2x$$

となる．Hamilton 系の各解曲線は関数 F の等高線を描き，勾配系の解曲線は，各等高線と直交する曲線を描く．□

例 1.16　関数

$$F(x, y) = \frac{1}{4}(x^2-1)^2+\frac{1}{2}y^2$$

に対して，次の三つの微分方程式系を考える．

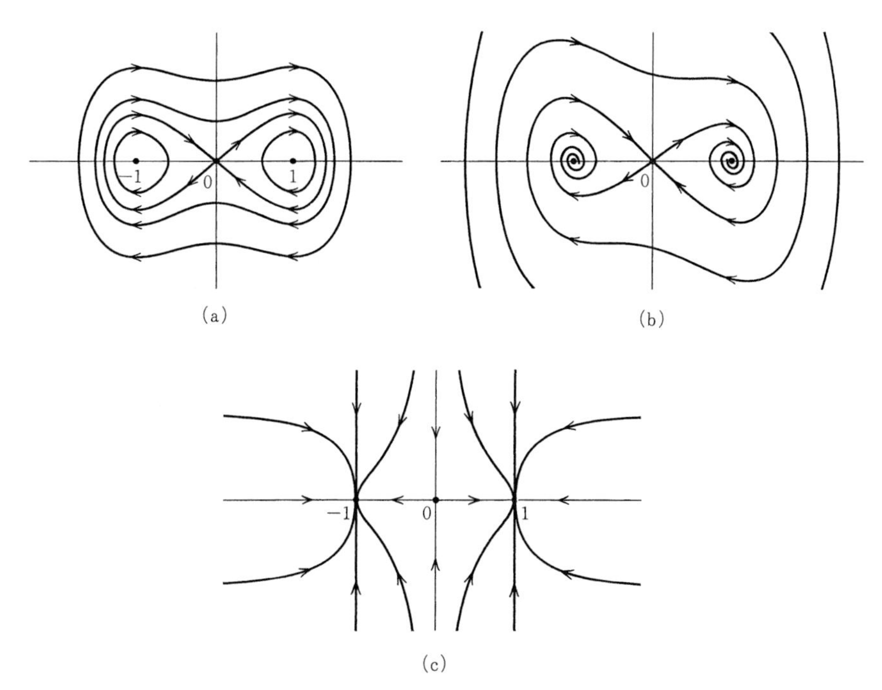

図 1.16　例 1.16 の相平面図：(a) Hamilton 系，(b) Hamilton 系に小さな散逸を加えたもの，(c) 勾配系

(1)　F をハミルトニアンとする Hamilton 系

$$\begin{cases} \dot{x} = y \\ \dot{y} = -x(x^2-1) \end{cases}$$

(2)　Hamilton 系にエネルギー散逸の項を付加したもの

$$\begin{cases} \dot{x} = y \\ \dot{y} = -x(x^2-1)-\mu y \end{cases} \qquad (\mu \text{ は正定数})$$

(3)　F に対する勾配系

$$\begin{cases} \dot{x} = -x(x^2-1) \\ \dot{y} = -y \end{cases}$$

これらの相平面図は，図 1.16 に示した通りである．相平面図を $z=F(x,y)$ のグラフの上に投影すると図 1.17 のようになる．　□

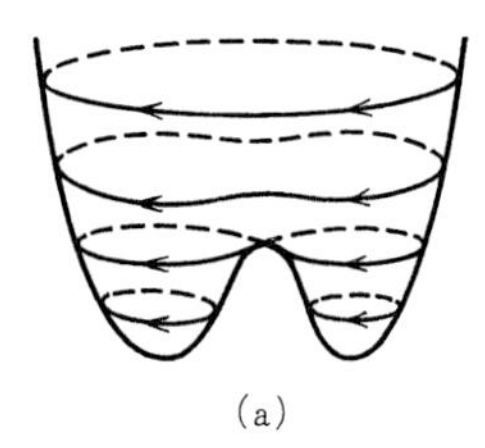

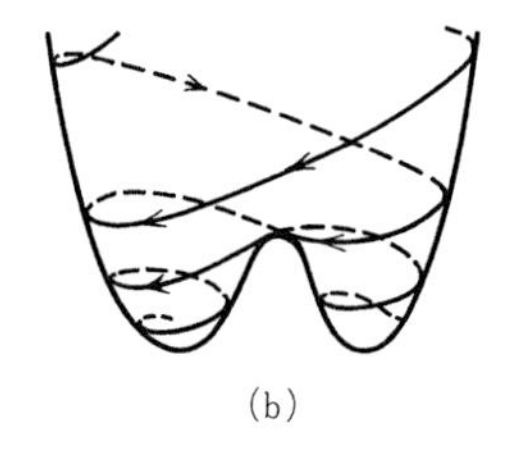

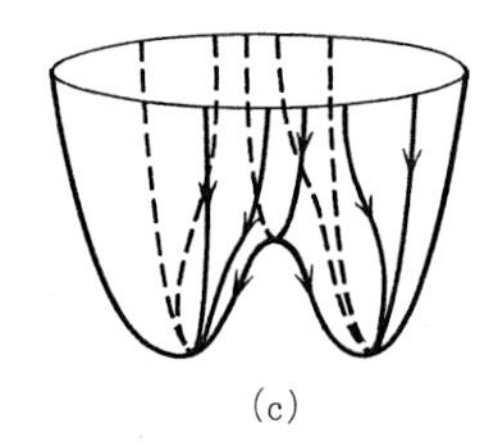

(a)　　(b)　　(c)

図 1.17　曲面 $z=F(x,y)$ 上に描かれた解曲線．各解曲線に沿って F の値がどう変化するかが見てとれる(グラフの起伏は実際より強調してある)．(a) Hamilton系，(b) Hamilton系に小さな散逸を加えたもの，(c) 勾配系

§1.6　存在定理

本節では初期値問題の解の存在，解の一意性，初期値やパラメータに対する解の連続依存性などに関する基本的な諸定理を掲げる．紙数の制約上，証明はそのアイデアを与えるにとどめた．詳細については微分方程式論の他の成書を参照されたい．

‘存在定理’ というと，とかく形式的で無味乾燥なものだと考えられがちだが，どのような方程式に対して解が存在し，どのような方程式に対して存在しないのかを知ることは，微分方程式を応用する立場からも重要であるのは言うまでもない．また，初期データや環境変数をゆるやかに変化させたとき，解がそれに応じて連続的に変化するのか，それとも急激で不連続な変化を呈するのかを知ることは，解の定性的性質や制御可能性などを論ずる上で不可欠の情報である．こうしたことに加え，本節に現れる諸定理の証明のアイデアは，より高度な解析学を学ぼうとする初学者には少なからぬ参考となろう．

なお，時間のない読者は，本節を読みとばしてとりあえず先に進み，あとで必要になった時点で本節のページを繰るのもよいだろう．むしろそうした方が，本節に掲げた定理の意義や重要性がよりよく理解できるともいえる．

(a) 存在定理

次の初期値問題を考える．

$$\begin{cases} \dfrac{\mathrm{d}u}{\mathrm{d}t} = f(t, u) \\ u(t_0) = \eta \end{cases} \tag{1.51}$$

ここで，未知関数 $u(t)$ は $\mathbf{R}^n$ に値をもつ関数であり，関数 f は点 (t_0, η) を含む $\mathbf{R}^{n+1}$ 内の領域 D の上で定義された $\mathbf{R}^n$ 値連続関数であるとする．

微分方程式の多くは初等解法をもたないため，解の具体形を与えることでその存在を示すという直接的な方法は一般にとれない．例えば，単独の 2 階線形方程式

$$\frac{\mathrm{d}^2u}{\mathrm{d}t^2} + k(t)u = 0$$

の場合ですら，$k(t)$ が定数であるなどの特別のケースを除けば，これを初等解法で解くことはできない．したがって，解の存在証明は，何らかの間接的な形でなされねばならない．

初期値問題の解の存在定理は，局所解に関するものと大域解に関するものの二つのカテゴリーに分かれる．**局所解**とは，初期時刻 t_0 の付近でのみ定義された解である．局所解を次々とつなげていけば，最終的に**延長不能解**が構成できる(§1.4(a)参照)．次に，得られた延長不能解が区間 $-\infty < t < \infty$ の上で大域的に存在するかどうかが問題となる．これを議論するのが**大域解**の存在定理である．

本節では，関数 $f(t, u)$ に次の仮定をおく．

(F1) f は連続．

(F2) D 内の各点 (t_0, η) に対し，t_0 および η の十分小さな近傍 $I_\delta=\{t\in\mathbf{R}\,|\,|t-t_0|<\delta\}$, $B_\rho=\{u\in\mathbf{R}^n\,|\,|u-\eta|<\rho\}$ と適当な定数 $l\geqq 0$ を選んで

$$|f(t,u)-f(t,v)|\leqq l|u-v| \tag{1.52}$$

が任意の $t\in I_\delta$, $u, v\in B_\rho\cap D_t$ に対して成り立つようにできる．ここで

$$D_t=\{u\in\mathbf{R}^n\,|\,(t,u)\in D\}$$

(F3) 各 $t_0\in\mathbf{R}$ に対し，その十分小さな近傍 $I_\delta=\{t\in\mathbf{R}\,|\,|t-t_0|<\delta\}$ と適当な定数 $l\geqq 0$ を選んで，(1.52) が任意の $t\in I_\delta$, $u, v\in D_t$ に対して成り立つようにできる．

とくに f が t に依存しない(すなわち $f=f(u)$ と書ける)場合，(F2)が成り立つような f を**局所 Lipschitz 連続**な関数といい，(F3)が成り立つような f を **Lipschitz 連続**な関数という．無論，(F3)の方が(F2)より強い条件である．上記の条件がやや煩雑に見える読者は，当面はこれらを下記の条件で置き換えて考えるとよい．

(F2′) $f(t,u)$ は $\boldsymbol{C}^1$ **級**である．すなわち，t, u について微分可能で，導関数も連続である．

(F3′) $f(t,u)$ は u について線形である．すなわち，連続な $n\times n$ 行列値関数 $A(t)$ を用いて

$$f(t,u)=A(t)u$$

と表わせる．

容易に確かめられるように，以下のことが成り立つ．

$$(\text{F2}')\Longrightarrow(\text{F1}),(\text{F2}),\qquad (\text{F3}')\Longrightarrow(\text{F1}),(\text{F3})$$

実際，上の主張の後半は，次の不等式からただちに従う．

$$|A(t)u-A(t)\tilde{u}|\leqq\|A(t)\||u-\tilde{u}|$$

ここで $\|A\|$ は行列 A のノルムを表わす．主張の前半，とくに (F2′)⇒(F2) は平均値の定理を用いて示される．

定理の説明にはいる前に，まず，初期値問題(1.51)が次の積分方程式と同値であることに注意しよう．

$$u(t)=\eta+\int_{t_0}^{t}f(s,u(s))\,\mathrm{d}s \tag{1.53}$$

無論，ベクトル値の場合は右辺の積分は成分ごとにとるものとする．(1.53)は(1.51)の両辺を t_0 から t まで積分して得られる．逆に，(1.53)を微分すると(1.51)を得る．

定理 1.1　(F1), (F2) を仮定する．$v^0(t)$ を $v^0(t_0)=\eta$ をみたすような勝手な連続関数とし，関数列 $v^1, v^2, v^3, \cdots$ を次の漸化式によって定義する．

$$v^{k+1}(t) = \eta+\int_{t_0}^{t} f(s, v^k(s))\mathrm{d}s \tag{1.54}$$

(ただし $k=0, 1, 2, \cdots$)．いま，$\delta>0$ を十分小さくとると，関数列 $\{v^k\}$ は $k\to\infty$ のとき区間 $[t_0-\delta, t_0+\delta]$ 上で一様収束し，その極限関数 $u(t)=\lim_{k\to\infty} v^k(t)$ は(1.51)をみたす．　□

系　実数 $\delta>0$ を十分小さくとると，初期値問題(1.51)の局所解が区間 $[t_0-\delta, t_0+\delta]$ 上で存在する．　□

(1.54)で与えた局所解の構成法を，Picard の**逐次近似法**と呼ぶ．

[定理 1.1 の証明の概略]　(F2)より，

$$\begin{aligned}|v^{k+1}(t)-v^k(t)| &= \left|\int_{t_0}^{t}\{f(s, v^k(s))-f(s, v^{k-1}(s))\}\mathrm{d}s\right| \\ &\leqq l\left|\int_{t_0}^{t}|v^k(s)-v^{k-1}(s)|\,\mathrm{d}s\right|\end{aligned}$$

とくに $k=1$ のときは

$$|v^2(t)-v^1(t)| \leqq l\left|\int_{t_0}^{t}|v^1(s)-v^0(s)|\,\mathrm{d}s\right| \leqq Cl\,|t-t_0|$$

ただし

$$C = \max_{s\in[t_0-\delta, t_0+\delta]}|v^1(s)-v^0(s)|$$

以下，帰納法により

$$|v^{k+1}(t)-v^k(t)| \leqq C\frac{l^k}{k!}|t-t_0|^k$$

を得る．よって

$$\sum_{k=0}^{\infty}|v^{k+1}(t)-v^k(t)| \leqq \sum_{k=0}^{\infty} C\frac{l^k}{k!}|t-t_0|^k = C\mathrm{e}^{l|t-t_0|} < \infty$$

これより，関数

$$v^k = v^0+(v^1-v^0)+\cdots+(v^k-v^{k-1})$$

は $k\to\infty$ のとき区間 $[t_0-\delta, t_0+\delta]$ の上で何らかの極限関数に一様収束することがわかる．(1.54)で $k\to\infty$ とすれば，極限関数 $u(t)$ が(1.53)をみたすのは明らか．よって $u(t)$ は(1.51)の解である． ▮

例 1.17　単独方程式に対する初期値問題

$$\begin{cases} \dot{u}=u & (\text{ただし}\ \dot{}=\mathrm{d}/\mathrm{d}t) \\ u(0)=\eta \end{cases}$$

を考える．$v^0(t)\equiv\eta$ とおいて，(1.54)により近似解列を構成すると，

$$v^k(t)=\eta+\eta t+\frac{\eta}{2!}t^2+\cdots+\frac{\eta}{k!}t^k$$

となることがわかる．よって

$$\lim_{k\to\infty}v^k(t)=\eta\mathrm{e}^t$$ □

さて，局所解の存在だけを問うのであれば，f に対する仮定は連続性だけで十分である．すなわち次の定理が成り立つ．

定理 1.2　(F1)を仮定する．このとき，十分小さな $\delta>0$ に対し，初期値問題(1.51)の解は区間 $[t_0-\delta, t_0+\delta]$ の上で存在する．

[証明の方針]　(1)　差分近似による方法(Euler の差分法)

漸化式

$$\begin{cases} \dfrac{u_{k+1}-u_k}{\varepsilon}=f(t_0+k\varepsilon, u_k) & (k=0,1,2,\cdots) \\ u_0=\eta \end{cases} \tag{1.55}$$

によって数列 $\{u_k\}$ を定め，tu 空間内の点列

$$\{(t_0+k\varepsilon, u_k)\}_{k=0,1,2,\cdots}$$

を順々に線分で結んで得られる折れ線をグラフとする関数を $u^\varepsilon(t)$ とおく．これを**Cauchy の折れ線関数**と呼ぶ．いま，$\delta>0$ を十分小さくとると，関数族 $\{u^\varepsilon(t)\}_{0<\varepsilon<\bar{\varepsilon}}$ は区間 $[t_0, t_0+\delta]$ 上で一様有界かつ同等連続になることが示される．Ascoli-Arzelà の定理により，数列 $\varepsilon_1>\varepsilon_2>\varepsilon_3>\cdots\to 0$ をうまく選んで，関数列 $u^{\varepsilon_j}(t)$ が $j\to\infty$ のとき区間 $[t_0, t_0+\delta]$ 上で一様収束するようにできる．この極限関数を $u(t)$ とおくと，これが(1.53)をみたすことが f の連続性と(1.55)から導かれる．区間 $[t_0-\delta, t_0]$ 上の局所解も同様にして構成できる．

(2)　不動点定理を用いる方法

関数 $u(t)$ と $v(t)$ の間に関係式

$$v(t) = \eta + \int_0^t f(s, u(s))\,\mathrm{d}s \tag{1.56}$$

が成り立つとき，これを $v=F(u)$ で表わすことにすると，F は関数を関数にうつす写像，すなわち**作用素**(operator)になる．とくに(1.56)のような積分を含んだ式で定まる作用素を**積分作用素**という．さて，(1.51)と(1.53)は同値であるから，初期値問題(1.51)の局所解を求めることは，とりもなおさず積分作用素 F の**不動点**(fixed point)，すなわち $F(u)=u$ をみたす関数 u を求めることにほかならない．いま，$\delta>0$ を十分小さくとると，F は $[t_0-\delta, t_0+\delta]$ 上で定義された $\mathbf{R}^n$ 値連続関数のなす空間内のある有界閉凸集合 K からそれ自身へのコンパクト作用素になることが示される(コンパクト作用素の定義については関数解析学の成書を見よ)．よって，Schauder の不動点定理(図1.18を参照)により，F は K の中に少なくともひとつ不動点をもつ． ■

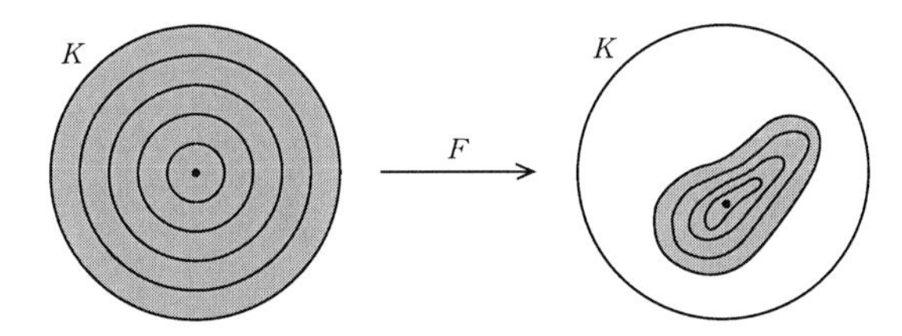

図1.18 F を円板領域 K からそれ自身の中への連続な写像とすると，$F(\bar{x})=\bar{x}$ となる点 $\bar{x}$ が K の中に必ず存在する．Schauder の不動点定理は，この事実の無限次元空間への拡張である．

注意1.5 関数 f が条件(F2)をみたすときは，上記定理の証明(1)において $\{u^\varepsilon\}$ から部分列をとり出す必要はなく，$u^\varepsilon(t)\to u(t)$ $(\varepsilon\searrow 0)$ がそのまま成り立つ．一方，(F1)の仮定だけだと，(b)で述べるように，局所解の一意性が一般に成り立たないので，部分列をとらないと収束しないことがある．

定理1.3 (大域解の存在) (F1), (F3)を仮定する．また，$D=\mathbf{R}^{n+1}$ とする．このとき，任意の初期値 $\eta\in\mathbf{R}^n$ に対して，(1.51)の解は区間 $-\infty<t<\infty$ 上で存在する．

[証明の概略] (1.54)で構成した近似解の列が $\mathbf{R}$ 全体で収束することを示せばよい．実数 M を任意にとり，$I=[-M, M]$ とおく．I 上の各点 t_0 に対して，定数 $l(t_0)$ と t_0 の適当な近傍 $I(t_0)=\{t\mid |t-t_0|<\delta(t_0)\}$ が存在して(1.52)

が $I(t_0)$ 上で成立する．区間 I をこのような部分区間の有限個 $I(t_{0,1}), \cdots, I(t_{0,m})$ でおおい，$l=\max\{l(t_{0,1}), \cdots, l(t_{0,m})\}$ とおくと，(1.52)が任意の $t \in I$，$u, v \in \mathbf{R}^n$ に対して成立することがわかる．よって

$$\sum_{j=0}^{\infty} |v^{j+1}(t) - v^j(t)| \leqq C\mathrm{e}^{l|t-t_0|} < \infty$$

が I 全体で成立し，近似解列 $v^1(t), v^2(t), \cdots$ は I 上で極限関数に収束する．区間 I はいくらでも大きくとれるので，結局 $v^1(t), v^2(t), \cdots$ は $\mathbf{R}$ 上で広義一様収束する． ∎

上の定理はおもに方程式が線形またはそれに近い場合に応用されるが，一般の非線形方程式の場合，次の定理も便利である．

定理 1.4　(F1), (F2)を仮定する．また，$D=\mathbf{R}^{n+1}$ とする．$u(t)$ を初期値問題(1.51)の延長不能解とし，その定義域を $T_0<t<T_1$ とする(ただし $-\infty \leqq T_0 < t_0 < T_1 \leqq \infty$)．もし $T_1<\infty$ であれば，

$$\lim_{t \nearrow T_1} |u(t)| = \infty$$

が成立する．同様に，もし $T_0>-\infty$ であれば，

$$\lim_{t \searrow T_0} |u(t)| = \infty$$

が成立する．

[証明の概略]　主張の後半は前半と同様だから前半だけを示せばよい．仮に結論を否定すると，十分大きな半径 R の球 B_R に対し，

$$u(t_k) \in B_R \ \ (k = 1, 2, \cdots), \qquad t_1 < t_2 < \cdots \to T_1$$

をみたすような数列 $\{t_k\}$ が存在する．さて，$\eta_k=u(t_k)$ とおくと，$u(t)$ は初期値問題

$$\begin{cases} \dfrac{\mathrm{d}u}{\mathrm{d}t} = f(t, u) \\ u(t_k) = \eta_k \end{cases} \tag{1.57}$$

の解である．(1.57)の局所解は定理 1.1 で与えた逐次近似法——ただし t_0 を t_k で置き換えたもの——により構成できる．数列 $\{t_k\}$ および点列 $\{\eta_k\}$ が有界であることから，前定理の証明と類似の議論を用いて，k に無関係な実数 $\delta>0$ を選んで，(1.57)に対して構成した近似解の列が区間 $t_k-\delta \leqq t \leqq t_k+\delta$ 上で収

束するようにできる．こうして得られた局所解は，(b)で述べる解の一意性定理から，もとの解 $u(t)$ に一致する．このことから，$t_k+\delta<T_1$ $(k=1,2,\cdots)$ が成り立つ．$k\to\infty$ とすると，$T_1+\delta\leqq T_1$ となり，矛盾が得られる．背理法により，定理の結論が正しいことがわかる．■

系　(1.51)の延長不能解 $u(t)$ が定義域上で有界，すなわち適当な $M>0$ に対して $|u(t)|\leqq M$ が常に成り立つならば，$u(t)$ は大域解である．□

(b)　解の一意性

定理 1.5　(F1), (F2)を仮定する．このとき，初期値問題(1.51)の解は**一意的**(unique)である．すなわち，$u, \tilde{u}$ を同一の初期値に対する(1.51)の二つの延長不能解とすると，$u(t)\equiv\tilde{u}(t)$ が成り立つ．

［証明］　任意の解は局所解を次々とつなげていくことで構成できるから，局所解の一意性を証明すれば十分である．言いかえれば，t_0 を含む十分小さな区間 $t_0-\delta<t<t_0+\delta$ の上で u と $\tilde{u}$ が一致することを言えばよい．$t_0-\delta<t\leqq t_0$ の範囲も同様に議論できるから，以下では，$t_0\leqq t<t_0+\delta$ の範囲だけを考える．(1.52)と(1.53)より，

$$\begin{aligned}|u(t)-\tilde{u}(t)| &= \left|\int_{t_0}^{t}\{f(s,u(s))-f(s,\tilde{u}(s))\}\mathrm{d}s\right| \\ &\leqq l\int_{t_0}^{t}|u(s)-\tilde{u}(s)|\mathrm{d}s\end{aligned}$$

これと，以下に述べる **Gronwall の補題**から，$u(t)-\tilde{u}(t)=0$ $(t_0\leqq t<t_0+\delta)$ を得る．■

補題 1.1 (Gronwall の補題)　連続関数 $\varphi(t)$ が，ある定数 $c\in\mathbf{R}$, $l\geqq 0$ に対して

$$\varphi(t)\leqq c+\int_{t_0}^{t}l\,\varphi(s)\mathrm{d}s \qquad (t_0\leqq t\leqq t_1) \tag{1.58}$$

をみたすならば，

$$\varphi(t)\leqq c\mathrm{e}^{l(t-t_0)} \qquad (t_0\leqq t\leqq t_1)$$

が成り立つ．□

証明は演習問題とする(演習問題 1.9)．(1.58)において，とくに $c\leqq 0$ であれば，$\varphi(t)\leqq 0$ が得られる．Gronwall の補題は，c, l などが t の関数であるよう

な，より一般的な形で述べられることもある．

定理1.3と定理1.5の系として，次の結果を得る．

定理1.6　$A(t)$ は $\mathbf{R}$ 上で定義された t の連続関数を成分とする $n\times n$ 行列であるとする．このとき，次の線形方程式に対する初期値問題

$$\begin{cases} \dfrac{\mathrm{d}x}{\mathrm{d}t} = A(t)x \\ x(t_0) = \eta \end{cases}$$

は，任意の初期値 η に対してただひとつ解をもち，しかも解は区間 $-\infty<t<\infty$ 上で大域的に存在する．　□

例1.16（一意性の成り立たない例）　定理1.5において仮定(F2)をはずすことはできない．例えば，初期値問題

$$\begin{cases} \dfrac{\mathrm{d}x}{\mathrm{d}t} = x^{1/3} \\ x(0) = 0 \end{cases} \tag{1.59}$$

は，

$$x(t) = \begin{cases} 0 & (t \leqq c) \\ \left\{\dfrac{2}{3}(t-c)\right\}^{3/2} & (t > c) \end{cases}$$

という形の関数を解としてもつ．ここで定数 c はどんな非負の値でもよい．また，特異解 $x\equiv 0$ も(1.59)の解である(図1.19)．したがって初期値問題(1.59)

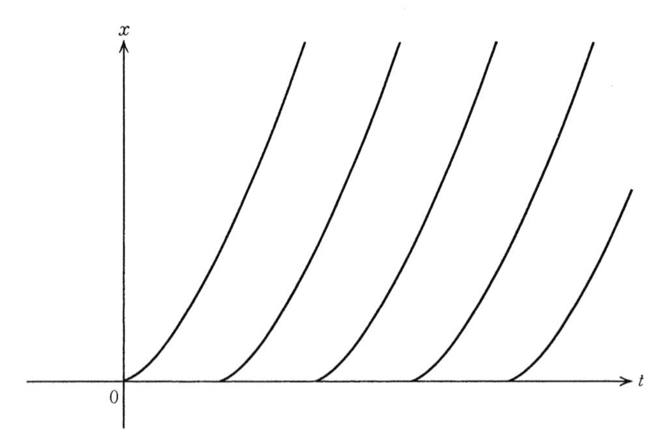

図1.19　一意性の成り立たない例．曲線群はすべて(1.59)の解曲線である．

に対しては解の一意性は成り立たない．また，方程式に現れる関数 f が滑らかな場合でも，正規形でなければ必ずしも解の一意性は成り立たない．曲線群や直線群の包絡線(§1.3(f))はそうした例のひとつである． □

(c) 解の連続依存性

定理 1.7 (初期値に対する連続依存性)　(F1), (F2)を仮定する．初期値問題(1.51)の解を，初期値 η をパラメータと見たてて $u(t\,;\eta)$ と書くことにすると，これは t, η の連続関数である．

[証明の概略]　勝手に選んだ初期値 $\eta, \tilde{\eta}$ に対し $u(t\,;\eta), u(t\,;\tilde{\eta})$ をそれぞれ $u(t), \tilde{u}(t)$ と書くことにすると，(1.53)より $t \geqq t_0$ のとき

$$|u(t)-\tilde{u}(t)| = \left|\eta-\tilde{\eta}+\int_{t_0}^{t}\{f(s, u(s))-f(s, \tilde{u}(s))\}\mathrm{d}s\right|$$
$$\leqq |\eta-\tilde{\eta}|+l\int_{t_0}^{t}|u(s)-\tilde{u}(s)|\mathrm{d}s$$

よって Gronwall の補題より

$$|u(t)-\tilde{u}(t)| \leqq |\eta-\tilde{\eta}|\mathrm{e}^{l(t-t_0)} \qquad (t_0 \leqq t \leqq t_0+\delta)$$

が成り立つ．$t \leqq t_0$ のときも同様に議論でき，結局

$$|u(t)-\tilde{u}(t)| \leqq |\eta-\tilde{\eta}|\mathrm{e}^{l|t-t_0|} \qquad (|t-t_0| \leqq \delta)$$

が成立する．t_1, t_2 を区間 $[t_0-\delta, t_0+\delta]$ から勝手に選ぶと

$$|u(t_1)-\tilde{u}(t_2)| \leqq |u(t_1)-u(t_2)|+|u(t_2)-\tilde{u}(t_2)|$$
$$\leqq |u(t_1)-u(t_2)|+|\eta-\tilde{\eta}|\mathrm{e}^{l\delta}$$

したがって，$t_2 \to t_1$，$\tilde{\eta} \to \eta$ のとき，$\tilde{u}(t_2) \to u(t_1)$ となる． ■

上の定理は，方程式がパラメータに依存する場合に拡張できる．すなわち，$\alpha \in \mathbf{R}^m$ をパラメータとする初期値問題

$$\begin{cases} \dfrac{\mathrm{d}u}{\mathrm{d}t} = f(t, u\,;\alpha) \\ u(t_0) = \eta \end{cases} \tag{1.60}$$

の解を $u(t\,;\eta, \alpha)$ と表わすと，これが t, η, α に連続的に依存することが示される．詳細は省く．

注意 1.6　(F2′)を仮定すればもちろん定理 1.7 の結論は成り立つが，このときには，さらに $u(t\,;\eta)$ が t, η について C^1 級であることが証明できる．証明には‘陰

関数の定理’を用いる方法と，(1.54)で構成された近似解列の導関数 $\partial v^k/\partial\eta$ が $k\to\infty$ のとき一様収束することを示し，そこから極限関数の η についての微分可能性を導く方法がある．

演習問題

1.1　水量が V の塩水湖に淡水が流れ込んでいるとする．流入した淡水は瞬時に攪拌されて，湖水の塩分濃度は場所によらず一定であるとする．また，流入した淡水と同量の湖水が流出して，湖の水量は常に一定に保たれていると仮定する．

(1)　時刻 t における湖水の塩分濃度を $x(t)$，単位時間あたりの淡水の流入量を w とすると，次式が成立することを示せ．

$$\dot{x}(t)=-\frac{w}{V}x(t)$$

(2)　時刻 t_1 から t_2 の間に湖に流れ込んだ淡水の総量を W とおく．$x(t_1)$ と $x(t_2)$ の比を W を用いて表わせ．とくに湖の全水量と同量の淡水が流入した場合，この比はいくらになるか．

(3)　w が時間によって変動する場合でも，(2)の結果はそのまま成り立つことを示せ．

1.2　常微分方程式 $u''=u^3-u$ の解 $u(x)$ で

$$\lim_{x\to-\infty}u(x)=-1,\qquad\lim_{x\to\infty}u(x)=1$$

をみたすものをすべて求めよ．

1.3　単振子の方程式 $\ddot{\theta}=-a\sin\theta$ の解で，定数 θ_0 と $-\theta_0$ の間を往復運動するものを $\tilde{\theta}(t)$ とする．ただし $0<\theta_0<\pi$ とする．

(1)　$\tilde{\theta}(t)$ の最小周期を $T(\theta_0)$ とおくと，次式が成り立つことを示せ．

$$T(\theta_0)=\sqrt{\frac{2}{a}}\int_{-\theta_0}^{\theta_0}\frac{\mathrm{d}\theta}{\sqrt{\cos\theta-\cos\theta_0}}$$

(2)　$\displaystyle\lim_{\theta_0\to0}T(\theta_0)$ を求めよ．

1.4　曲線族

$$a^2x^2-b^2y^2=c\qquad(c\text{ は任意定数})$$

と直交する曲線はどのようなものか．

1.5　(r,θ) を平面上の極座標とする．原点を中心とする同心円の族 $r=c$ (c は正の任意定数)と一定の角度 α (ただし $0<\alpha<\pi/2$)で交わる曲線は，微分方程式

$$\mathrm{d}r/\mathrm{d}\theta = (\tan\alpha)\,r$$

をみたすことを示せ．また，この解が対数らせんになることを確認せよ．

1.6 関数 $z=F(x,y)$ のグラフが定める xyz 空間内の曲面を S とする．いま，S 上の曲線 Γ が $(x(t),y(t),z(t))$，$t\in\mathbf{R}$，というパラメータ表示で与えられているとする．

(1) $x(t),y(t)$ が微分方程式 $\dot{x}=g(x,y)$，$\dot{y}=h(x,y)$ をみたすとき，$z(t)$ はどのような微分方程式を満足するか．

(2) 図 1.17 に現れる解曲線のみたす方程式を求めよ．

1.7 半円 $y=\sqrt{1-x^2}$ $(-1<x<1)$ を包絡線とするような直線群の方程式を見出せ．楕円 $y=b\sqrt{1-x^2/a^2}$ $(-a<x<a)$ の場合はどうなるか．

1.8 初期値問題 $\dot{x}=2-x$，$x(0)=1$ の差分近似解((1.55)参照)を具体的に計算し，時間の刻み幅を 0 に近づけたときに近似解は真の解に収束することを示せ．

1.9 (Gronwall の補題) c を実定数，l を非負定数とする．区間 $t_0\leqq t\leqq t_1$ の上で定義された連続関数 $\varphi(t)$ が

$$\varphi(t) \leqq c+l\int_{t_0}^{t}\varphi(s)\,\mathrm{d}s \qquad (t_0 \leqq t \leqq t_1)$$

をみたせば次式が成立することを示せ．

$$\varphi(t) \leqq c\mathrm{e}^{l(t-t_0)} \qquad (t_0 \leqq t \leqq t_1)$$

1.10 常微分方程式 $y'-xy=0$ の解で $y(0)=1$ をみたすものを，級数展開

$$y = 1+a_1x+a_2x^2+\cdots$$

の係数 $a_1,a_2,\cdots$ を決定する方法で求めよ．また，このベキ級数の収束半径を計算せよ．

1.11 $\mathbf{R}^2$ 値関数 $x(t)=\begin{pmatrix} x_1(t) \\ x_2(t) \end{pmatrix}$ に対する微分方程式

$$\ddot{x} = f(x)\,x$$

を考える．ここで f は実数値関数である．

(1) $x(t)$ を上の方程式の解とすると，$\det(x(t),\dot{x}(t))$ は時間によらない定数であることを示せ．

(2) 時刻が t_0 から $t_0+\Delta t$ まで連続的に変化したときに原点と点 $x(t)$ を結ぶ線分が描く扇形図形の面積は Δt のみに依存し，t_0 によらないことを示せ．

(3) Kepler の第 2 法則“太陽と惑星を結ぶ線分が等しい時間に掃く面積は等しい”(面積速度一定の法則)を上の結果を用いて説明せよ．

1.12 例 1.8 で扱った固有値問題において，境界条件を $u'(0)=u'(1)=0$ で置き換えると，固有値および対応する固有関数はどうなるか．

1.13　(時間遅れをもつ微分方程式)　a を正の定数として方程式

$$(*)\qquad \dot{x}(t) = -ax(t-1)$$

を考える.

(1)　関数 $x(t)=e^{\lambda t}$ が($*$)の解であるためには, $\lambda=-ae^{-\lambda}$ が成り立たねばならないことを示せ.

(2)　$a=\dfrac{\pi}{2}$ のとき, $\lambda=\pm\dfrac{\pi}{2}i$ は上の関係式をみたすことを示し, これを用いて($*$)に周期解が存在することを証明せよ.

(3)　$0<a<\dfrac{\pi}{2}$ のとき, ($*$)の解 $x(t)$ で $x(t)\to 0$ $(t\to\infty)$ をみたすものが存在することを示せ.

1.14　$J_0(z)$ は微分方程式 $J_0''+\dfrac{1}{z}J_0'+J_0=0$ をみたす関数とし, 漸化式

$$J_{n+1}(z) = \frac{n}{z}J_n(z)-J_n'(z) \qquad (n=0,1,2,\cdots)$$

によって関数列 $J_0, J_1, J_2, \cdots$ を定める. 以下を示せ.

(1)　任意の自然数 n に対して次の微分方程式が成り立つ.

$$(*)\qquad J_n''+\frac{1}{z}J_n'+\left(1-\frac{n^2}{z^2}\right)J_n = 0$$

[ヒント：左辺を $A_n(z)$ とおくと, $A_{n+1}=(n/z)A_n-A_n'$ が成り立つ.]

(2)　任意の自然数 n に対して次の漸化式が成り立つ.

$$J_{n+1} = -2J_n'+J_{n-1}$$

(方程式($*$)を **Bessel の微分方程式**と呼ぶ.)

1.15　数列 $a_0, a_1, a_2, \cdots$ が与えられたとき, 関数

$$f(t) = a_0+\frac{a_1}{1!}t+\frac{a_2}{2!}t^2+\cdots+\frac{a_k}{k!}t^k+\cdots$$

をこの数列の**指数的母関数**と呼ぶ. 数列が次の漸化式で与えられるとき, 指数的母関数 $f(t)$ はどのような微分方程式を満足するか.

(1)　$a_{k+1} = a_k+a_{k-1}\quad (k=1,2,\cdots),\qquad a_0=a_1=1$

(2)　$a_{k+1} = ka_k-a_{k-1}\quad (k=1,2,\cdots),\qquad a_0=0,\qquad a_1=1$

第 2 章

線形常微分方程式

滑らかな曲線や曲面は，その一部を大きく拡大すると‘まっすぐ’に見える．言いかえれば，曲線や曲面は，その上の各点の微小な近傍内に視野を限れば，直線や平面で精度良く近似できる．同じようなことは，我々が自然現象を観察する際にもしばしば起こる．大昔の人々が大地が丸いことを知らなかったのはその一例と言えよう．より身近な例として，バネばかりを考えると，これは，バネを引っ張る力 F とバネの伸び x の間に $F=kx$ という線形の関係が成り立つことを前提に設計されている．バネの振動が美しい正弦波を描くのもまったく同じ原理による(例 2.1，2.7，3.9)．しかし，F と x の線形関係は，F の大きさが一定の限界(弾性限界)を越えると破れるし，F が小さい場合でも近似的にしか成立しない．このように，厳密には線形性の成り立たない現象でも，特定の基準状態からの比較的小さな‘ずれ’を観察の対象とする限り線形の問題として取り扱えることが多い．自然科学や工学に線形微分方程式が数多く現れるのは，ひとつにはこうした理由による．世の中にはまた，電磁気学における Maxwell 方程式や量子力学の基礎をなす Schrödinger 方程式のように，本質的に線形の現象を記述する方程式も存在することを注意しておく．

線形微分方程式の理論はまた，非線形微分方程式系の安定性解析において中心的な役割を演ずる(§3.3 参照)．このほか，線形理論はさまざまな形で微分方程式論の壮大な体系の重要な一翼を担っている．

本章では線形常微分方程式の基礎理論と解法について解説した．

§2.1 重ね合わせの原理

(a) 線形系

未知関数およびその導関数についての1次式で書き表わされる常微分方程式を**線形**(linear)常微分方程式または単に**線形系**と呼ぶ．その一般形は次の形に書かれる．

$$a_0(t)\frac{\mathrm{d}^m x}{\mathrm{d}t^m}+a_1(t)\frac{\mathrm{d}^{m-1}x}{\mathrm{d}t^{m-1}}+\cdots+a_m(t)x=f(t) \tag{2.1}$$

とくに右辺の $f(t)$ が恒等的に0である場合は

$$a_0(t)\frac{\mathrm{d}^m x}{\mathrm{d}t^m}+a_1(t)\frac{\mathrm{d}^{m-1}x}{\mathrm{d}t^{m-1}}+\cdots+a_m(t)x=0 \tag{2.2}$$

となる．(2.2)を(2.1)に付随する**斉次**(homogeneous)方程式または**同次**方程式と呼ぶ．これに対し，(2.1)は**非斉次**方程式または**非同次**方程式と呼ばれる．未知関数がベクトル値の場合は，上の方程式に現れる係数 $a_0(t),\cdots,a_m(t)$ が行列値となるのは言うまでもない．

さて，最高階の係数 $a_0(t)$ が逆行列をもつとき($a_0(t)$ がスカラー値の場合は $a_0(t)\neq 0$ のとき)，§1.1(c)と同じやり方で，(2.1)や(2.2)をそれぞれ次のような正規形に変形することができる．

$$\frac{\mathrm{d}x}{\mathrm{d}t}=A(t)x+g(t) \tag{2.3}$$

$$\frac{\mathrm{d}x}{\mathrm{d}t}=A(t)x \tag{2.4}$$

ここで，

$$x(t)=\begin{pmatrix} x_1(t) \\ \vdots \\ x_n(t) \end{pmatrix},\qquad g(t)=\begin{pmatrix} g_1(t) \\ \vdots \\ g_n(t) \end{pmatrix}$$

$$A(t)=\begin{pmatrix} a_{11}(t) & \cdots & a_{1n}(t) \\ \vdots & & \vdots \\ a_{n1}(t) & \cdots & a_{nn}(t) \end{pmatrix} \tag{2.5}$$

である($n\geqq 1$)．最高階の係数 $a_0(t)$ が必ずしも逆を持たない場合でも，(2.1)は次のような1階方程式系

$$B(t)\frac{\mathrm{d}x}{\mathrm{d}t} = A(t)x + g(t) \qquad (B \text{ は } n\times n \text{ 行列})$$

に帰着できるが，解のふるまいは一般に複雑である．本章では以下，正規形に帰着できる方程式を主に取り扱う．

単独の1階線形方程式 $\dot{x}=\lambda x$ (例1.1)，単振動の方程式 $\ddot{x}+k^2x=0$ (例2.1)は，線形常微分方程式の中で最も基本的なものであり，より一般の線形常微分方程式の解のふるまいを理解する上で重要な役割を演ずる．

(b) 重ね合わせの原理

$x(t)$ と $y(t)$ を斉次方程式(2.4)の勝手な二つの解とすると，その和 $x(t)+y(t)$ やスカラー倍 $ax(t)$ も再び(2.4)の解となる．実際，

$$\frac{\mathrm{d}}{\mathrm{d}t}(x+y) = \frac{\mathrm{d}x}{\mathrm{d}t}+\frac{\mathrm{d}y}{\mathrm{d}t} = A(t)x+A(t)y = A(t)(x+y)$$

$$\frac{\mathrm{d}}{\mathrm{d}t}(ax) = a\frac{\mathrm{d}x}{\mathrm{d}t} = aA(t)x = A(t)(ax)$$

が成り立つ．このように，斉次線形常微分方程式においては，解をスカラー倍したり，相異なる解を足し合わせたりしても再び同じ方程式の解となる．これを**重ね合わせの原理**(principle of superposition)と呼ぶ．この原理により，斉次方程式の任意個の解 $x^1(t), \cdots, x^k(t)$ の勝手な1次結合

$$c_1x^1(t)+\cdots+c_kx^k(t)$$

は再び同じ方程式の解となる．(これを確かめよ．)　なお，斉次方程式(2.4)の任意の解は大域解である(定理1.6)ので，相異なる解どうしの和をとる際に定義域の違いを気にする必要はない．

重ね合わせの原理の帰結として，次の定理が成り立つ．

定理2.1　斉次方程式(2.4)の解全体のなす集合を S_0 とおく．このとき，

(i)　S_0 はスカラー倍 $x(t)\mapsto ax(t)$ および加法 $x(t), y(t)\mapsto x(t)+y(t)$ の二つの演算に関して閉じている．したがって，線形空間としての構造をもつ．

(ii)　線形空間 S_0 の次元は n に等しい．すなわち，互いに1次独立な n 個の元 $x^1(t), \cdots, x^n(t)$ を見つけて，S_0 の任意の元をこれらの1次結合で表わすことができる．　□

上の定理の(ii)は，方程式(2.4)の一般解が n 個の特解の1次結合

$$c_1x^1(t)+c_2x^2(t)+\cdots+c_nx^n(t)$$

の形に書き表わされることを主張している．しかも解をひとつ指定するごとに係数 $c_1, \cdots, c_n$ は一意に定まる．なお，線形代数の一般論からすぐわかることだが，一般解を表示する特解の組 $x^1(t), \cdots, x^n(t)$ は特別なものである必要はない．互いに1次独立でさえあれば必ず上記の性質を有する．

定理2.1の証明にはいる前に次の補題を用意する．

補題 2.1　$x^1(t), x^2(t), \cdots, x^k(t)$ を(2.4)の解とし，t_0 を勝手に選んだ実数とするとき，次の2条件は同値である．

(i)　$x^1(t), \cdots, x^k(t)$ は関数として1次独立．

(ii)　$\mathbf{R}^n$ 内のベクトル $x^1(t_0), \cdots, x^k(t_0)$ は1次独立．

［証明］　$x^1(t), \cdots, x^k(t)$ が関数として1次独立である——すなわち S_0 の元として1次独立である——とは，恒等式

$$(*)\qquad c_1x^1(t)+\cdots+c_nx^n(t)=0\qquad(-\infty<t<\infty)$$

が成り立つのが定数 $c_1, \cdots, c_n$ がすべて0である場合に限ることをいう．一方，ベクトル $x^1(t_0), \cdots, x^k(t_0)$ が1次独立であるとは，等式

$$(**)\qquad c_1x^1(t_0)+\cdots+c_nx^n(t_0)=0$$

が成り立つのが定数 $c_1, \cdots, c_n$ がすべて0である場合に限ることをいう．ところで，(*)の左辺に現れる関数は方程式(2.4)の解であるから，ある時刻 t_0 において(**)が成り立てば，解の一意性定理(定理1.6)から(*)が成り立たねばならない．逆に，(*)から(**)が従うのは明らかであるから，(*)と(**)は同値である．このことから補題の結論がただちに導かれる．　█

［定理2.1の証明］　(i)は前に示したから(ii)を証明すればよい．S_0 の次元を k とし，$x^1, \cdots, x^k$ を S_0 内の1次独立な元の組とすると，補題2.1より $\mathbf{R}^n$ 内のベクトル $x^1(t_0), \cdots, x^k(t_0)$ は1次独立．しかるに空間 $\mathbf{R}^n$ の次元は n であるから，$k \leqq n$ が成り立つ．これより $\dim S_0 \leqq n$．

一方，$\eta^1, \cdots, \eta^n$ を $\mathbf{R}^n$ 内の1次独立なベクトルとすると，$t=t_0$ においてこれらを初期値とする(2.4)の大域解が存在する(定理1.6)．それらの解を $x^1(t), \cdots, x^n(t)$ とおくと，これらは明らかに関数として1次独立すなわち S_0 の元として1次独立である．これより $\dim S_0 \geqq n$．よって，$\dim S_0=n$ が成立する．　█

さて，S を非斉次方程式(2.3)の解全体のなす集合とすると，任意の $x(t)$, $y(t) \in S$ に対して $x(t)-y(t) \in S_0$ が成り立つ．なぜなら，

$$\frac{\mathrm{d}}{\mathrm{d}t}(x-y) = \frac{\mathrm{d}x}{\mathrm{d}t}-\frac{\mathrm{d}y}{\mathrm{d}t} = A(t)x+g(t)-A(t)y-g(t)$$
$$= A(t)x-A(t)y = A(t)(x-y)$$

となるからである．逆に，$x(t) \in S$, $x(t)-y(t) \in S_0$ であれば $y(t) \in S$ が成り立つことも同様に示される．このことから，次の定理がただちに得られる．

定理 2.2　S を非斉次方程式(2.3)の解全体のなす集合とする．いま，S の勝手な元 $x^*(t)$ をひとつ固定すると，

$$S = x^*+S_0 = \{x^*+y \mid y \in S_0\}$$

が成立する．　□

定理 2.1 と定理 2.2 から，非斉次方程式(2.3)の一般解は，(2.3)のひとつの特解 $x^*(t)$ と，(2.4)の 1 次独立な n 個の特解 $x^1(t), \cdots, x^n(t)$ を用いて

$$x^*(t)+c_1x^1(t)+\cdots+c_nx^n(t) \tag{2.6}$$

という形に書き表わされることがわかる．

S_0 は n 次元線形空間の構造をもっており，一方，定理 2.2 より，S は S_0 全体を平行移動したものと見なし得る．この関係を図 2.1 に象徴的に図示した．このように，基準点をひとつ定めると(今の場合は x^*)，その点からの各点の相対的位置関係が n 次元線形構造を有する空間を n 次元**アフィン空間**(affine space)と呼ぶ．(2.3)の一般解の公式(2.6)は，このような S のアフィン構造を具体形で表現したものといえる．

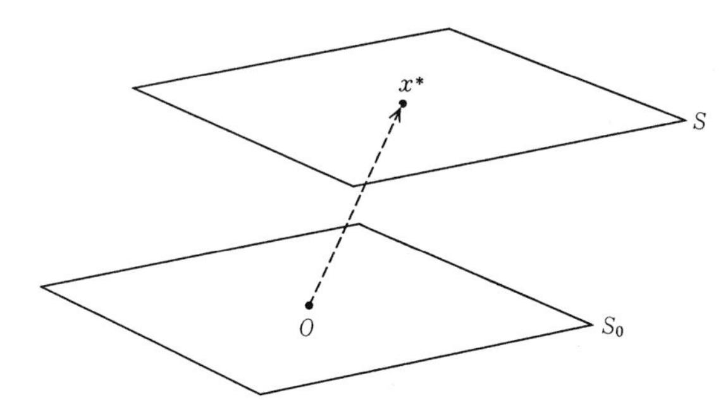

図 2.1　斉次方程式の解集合 S_0 と非斉次方程式の解集合 S の関係

例 2.1 単振動の方程式

$$\frac{\mathrm{d}^2x}{\mathrm{d}t^2}+k^2x = 0 \tag{2.7}$$

を考えてみよう．ここで k は正定数である．§1.2(f)と同様にして上式は次のように変形できる．

$$\left(\frac{\mathrm{d}x}{\mathrm{d}t}\right)^2+k^2x^2 = C$$

$$\therefore \quad \frac{\mathrm{d}x}{\mathrm{d}t} = \pm\sqrt{C-k^2x^2}$$

これを変数分離法で解いて，次の一般解を得る．

$$x(t) = A\sin(kt+\alpha) \qquad (A, \alpha \text{ は任意定数}) \tag{2.8}$$

これからわかるように，(2.7)の解はすべて同一周期の正弦波を表わす．ただし波の振幅や位相は異なり得る． □

さて，重ね合わせの原理により，(2.7)の任意の二つの解の和は再び(2.7)の解になる．言いかえれば，(2.8)の形の関数を二つ足し合わせると再び(2.8)の形の関数になる．よって，重ね合わせの原理はこの場合，“等しい周期の正弦波の合成が再び同じ周期の正弦波になる”ことを主張しているにほかならない．なお，方程式(2.7)の一般解は

$$C_1\cos kt+C_2\sin kt \qquad (C_1, C_2 \text{ は任意定数})$$

の形に表わすこともできる．一般解の，より簡明な計算法は§2.2で与える．

例 2.2

$$\frac{\mathrm{d}^2x}{\mathrm{d}t^2}+k^2x = \sin\omega t \tag{2.9}$$

これは，単振動の方程式に外力項(強制振動項)が加わったものである．ここで ω は正の定数である．解の様子は，$k\neq\omega$ の場合と $k=\omega$ の場合で異なる．

(1) $k\neq\omega$ のとき，簡単な計算から

$$\frac{1}{k^2-\omega^2}\sin\omega t$$

が(2.9)の特解であることが確かめられる．一般解の公式(2.6)および例2.1の結果から，(2.9)の一般解は次の形に書ける．

$$\frac{1}{k^2-\omega^2}\sin\omega t+A\sin(kt+\alpha) \qquad (A, \alpha \text{ は任意定数})$$

(2)　$k=\omega$ のとき，やや天下り的だが

$$-\frac{1}{2k}t\cos kt$$

が(2.9)の特解であることがわかる(例 2.15 および章末の演習問題 2.3)．よって一般解は次のようになる．

$$-\frac{1}{2k}t\cos kt+A\sin(kt+\alpha) \qquad (A,\alpha \text{ は任意定数})$$

さて，$k\neq\omega$ のとき解は区間 $-\infty<t<\infty$ 上で有界であるのに対し，$k=\omega$ のときは非有界である．すなわち

$$\limsup_{t\to\infty}|x(t)|=\infty$$

が成り立つ．このような差異が生じるのは，$k=\omega$ のときに限って二つの振動——つまり本来の単振動と外力による強制振動——の間に一種の共鳴が起こるからである．　□

§2.2　定数係数高階方程式——演算子法

係数がすべて定数であるような線形常微分方程式においては，簡単な代数的計算のみによって解を求めることが可能である．方程式が正規形で表わされている場合は，次節で述べる“行列の指数関数”の理論が適用できる．一方，単独の高階方程式の場合は，これを正規形に直して次節の議論を適用するよりも，本節で扱う演算子法の方が便利なことが多い．

さて，次のような形の斉次あるいは非斉次の線形常微分方程式を考えよう．

$$a_0\frac{\mathrm{d}^m x}{\mathrm{d}t^m}+\cdots+a_{m-1}\frac{\mathrm{d}x}{\mathrm{d}t}+a_m x=0 \tag{2.10}$$

$$a_0\frac{\mathrm{d}^m x}{\mathrm{d}t^m}+\cdots+a_{m-1}\frac{\mathrm{d}x}{\mathrm{d}t}+a_m x=g(t) \tag{2.11}$$

ここで $a_0, a_1, \cdots, a_m$ は定数($a_0\neq 0$)，$g(t)$ は与えられた関数である．また，方程式はいずれも**単独**であるものとする．いま，微分をひとつの演算と考え，これを D で表わすと，高階微分演算は D を繰り返し施したものであるので，

$$\frac{\mathrm{d}^k}{\mathrm{d}t^k}=D^k$$

と D のベキで表現できる．よって，上の方程式は次のように表わされる．

$$(a_0 D^m + \cdots + a_{m-1} D + a_m) x = 0 \tag{2.10′}$$

$$(a_0 D^m + \cdots + a_{m-1} D + a_m) x = g(t) \tag{2.11′}$$

微分方程式をこれらの形で書き表わしておくと，後で見るように，いろいろな式変形が有利に行なえる．D を**微分演算子**と呼び，演算子を用いた微分方程式の解法を**演算子法**という．さて，m 次多項式 $f(\xi)$ を

$$f(\xi) = a_0 \xi^m + \cdots + a_{m-1}\xi + a_m$$

と定めると，上の方程式は $f(D)x=0$, $f(D)x=g(t)$ などと表わされる．とくに(2.11′)の解は形式的に

$$x(t) = f(D)^{-1} g(t) \tag{2.12}$$

と表現できる．なお，これを $\dfrac{1}{f(D)} g(t)$ と表わすこともある．

例 2.3

$$D^{-1} g(t) = \int_0^t g(s)\,\mathrm{d}s + C \qquad (C \text{ は積分定数})$$

$$\begin{aligned} D^{-m} g(t) &= \int_0^t \int_0^{s_1} \cdots \int_0^{s_{m-1}} g(s_m)\,\mathrm{d}s_m \cdots \mathrm{d}s_2 \mathrm{d}s_1 + \sum_{k=0}^{m} c_k t^k \\ &= \int_0^t \frac{(t-s)^{m-1}}{(m-1)!} g(s)\,\mathrm{d}s + \sum_{k=0}^{m-1} c_k t^k \end{aligned}$$

ここで $c_0, \cdots, c_{m-1}$ は積分定数である． □

注意 2.1 後で見るように，斉次方程式の一般解は簡単に求められるので，非斉次方程式を解くためには特解をひとつ見つけさえすればよい．そこで，(2.12)は微分方程式 $f(D)x=g$ の特解のひとつを表わすものと解釈し，計算の途中で現れる積分定数には，なるべく式が簡単になるような適当な値を代入してしまうことが多い．

演算子法では，$f(D)$ の因数分解や $1/f(D)$ の部分分数展開などが自由に行なえる(注意 2.2)．その他の計算は，基本的には以下の 3 原理に帰着する．

命題 2.1 α, β は定数であるとする．

(i) $(D-\alpha)\{\mathrm{e}^{\beta t} x(t)\} = \mathrm{e}^{\beta t}(D-\alpha+\beta) x(t)$

(ii) $(D-\alpha)^{-1}\{\mathrm{e}^{\beta t} g(t)\} = \mathrm{e}^{\beta t}(D-\alpha+\beta)^{-1} g(t)$

(iii) $D^{-m} g(t) = \displaystyle\int_0^t \frac{(t-s)^{m-1}}{(m-1)!} g(s)\,\mathrm{d}s + c_0 + \cdots + c_{m-1} t^{m-1}$

[証明] (i)は容易．(iii)は例 2.3 で述べた．(ii)を示す．

$$x(t) = (D-\alpha)^{-1}\{e^{\beta t}g(t)\}$$

とおくと，これは

$$(D-\alpha)x(t) = e^{\beta t}g(t)$$

と同値．両辺に $e^{-\beta t}$ をかけて(i)を適用すると

$$(D-\alpha+\beta)\{e^{-\beta t}x(t)\} = g(t)$$

これから所期の結論がただちに従う． ■

例 2.4　1 階方程式

$$(D-\alpha)x = g(t)$$

の場合，

$$x(t) = \frac{1}{D-\alpha}g(t) = e^{\alpha t}\frac{1}{D}\{e^{-\alpha t}g(t)\}$$
$$= e^{\alpha t}\left\{\int_0^t e^{-\alpha s}g(s)\,ds + C\right\} = \int_0^t e^{\alpha(t-s)}g(s)\,ds + Ce^{\alpha t}$$

とくに，$g(t)\equiv 0$，すなわち斉次方程式の場合は，

$$x(t) = Ce^{\alpha t} \qquad (C \text{ は任意定数})$$ □

例 2.5　2 階方程式

$$(D-\alpha)(D-\beta)x = g(t)$$

を考える．

［$\alpha\neq\beta$ のとき］

$$x(t) = \frac{1}{(D-\alpha)(D-\beta)}g(t) = \frac{1}{\alpha-\beta}\left(\frac{1}{D-\alpha}-\frac{1}{D-\beta}\right)g(t)$$
$$= \frac{1}{\alpha-\beta}\int_0^t\{e^{\alpha(t-s)}-e^{\beta(t-s)}\}g(s)\,ds + c_1e^{\alpha t} + c_2e^{\beta t}$$

［$\alpha=\beta$ のとき］

$$x(t) = e^{\alpha t}\frac{1}{D^2}\{e^{-\alpha t}g(t)\} = e^{\alpha t}\left\{\int_0^t(t-s)e^{-\alpha s}g(s)\,ds + c_0 + c_1t\right\}$$
$$= \int_0^t(t-s)e^{\alpha(t-s)}g(s)\,ds + c_0e^{\alpha t} + c_1t\,e^{\alpha t}$$ □

例 2.6　m 階斉次方程式

$$(D-\alpha_1)^{r_1}(D-\alpha_2)^{r_2}\cdots(D-\alpha_l)^{r_l}x = 0$$

を考える．ただし $r_1, \cdots, r_l$ は正整数で $r_1+\cdots+r_l=m$ をみたすものとし，$\alpha_1, \cdots, \alpha_l$ は相異なる実数(または複素数)とする．よく知られているように，

$$\frac{1}{(\xi-\alpha_1)^{r_1}(\xi-\alpha_2)^{r_2}\cdots(\xi-\alpha_l)^{r_l}}$$

は次のような部分分数展開ができる．

$$\sum_{k=1}^{l}\sum_{j=1}^{r_k}\frac{a_{kj}}{(\xi-\alpha_k)^j}$$

ただし $a_{kr_k}\neq 0$ $(k=1,2,\cdots,l)$．これより

$$\begin{aligned} x(t) &= \sum_{k=1}^{l}\sum_{j=1}^{r_k} a_{kj}\frac{1}{(D-\alpha_k)^j}\cdot 0 \\ &= \sum_{k=1}^{l}\sum_{j=1}^{r_k} a_{kj}\mathrm{e}^{\alpha_k t}\frac{1}{D^j}\cdot 0 \end{aligned}$$

$D^{-j}\cdot 0$ はたかだか $j-1$ 次の多項式であるから，結局上式は次の形に書ける．

$$x(t) = \sum_{k=1}^{l}\left(\sum_{j=0}^{r_k-1} c_{kj}t^j\right)\mathrm{e}^{\alpha_k t} \qquad (2.13)$$

ここで c_{kj} は任意定数である．とくに $r_1=r_2=\cdots=r_l=1$ (したがって $l=m$)の場合は，一般解は次のようになる．

$$x(t) = \sum_{k=1}^{m} c_k\mathrm{e}^{\alpha_k t} \qquad (2.14)$$ □

例 2.7 (単振動の方程式再説)　単振動の方程式(2.7)を演算子法で解いてみよう．(2.7)は

$$(D^2+k^2)x = (D+\mathrm{i}k)(D-\mathrm{i}k)x = 0$$

と書き直せるから，例 2.5 より一般解は次のようになる．

$$\begin{aligned} x(t) &= c_1\mathrm{e}^{\mathrm{i}kt}+c_2\mathrm{e}^{-\mathrm{i}kt} \\ &= c_1(\cos kt+\mathrm{i}\sin kt)+c_2(\cos kt-\mathrm{i}\sin kt) \end{aligned}$$

これを整理し，定数 c_1+c_2 および $\mathrm{i}(c_1-c_2)$ を改めて c_1, c_2 と置き直すと，

$$x(t) = c_1\cos kt+c_2\sin kt$$

が得られる．　□

例 2.8 (摩擦をともなうバネの運動)　水平な床の上に置かれた質量 m の物体が，壁面にバネでつながれているとする(図 2.2)．物体と床の間の摩擦のため，物体の速さと重量の積に比例した制動力が加わるものと仮定し，その比例定数を μ とおく．また，時刻 t における物体の水平位置を $x(t)$ とおく．ただし，バネが自然長の状態で $x=0$ となるように原点の位置を定めておく．簡単な考察から，次の運動方程式が導かれる．

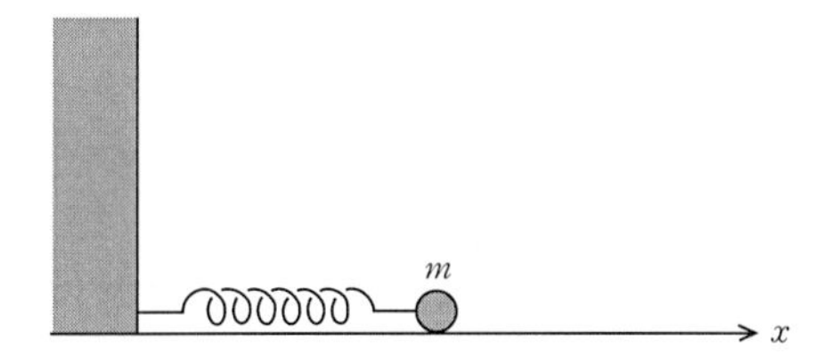

図 2.2　バネの自然状態でのおもりの位置を $x=0$ と定める．

$$m\frac{\mathrm{d}^2x}{\mathrm{d}t^2} = -k^2x-\mu mg\frac{\mathrm{d}x}{\mathrm{d}t}$$

ここで k^2 はバネ定数，g は重力加速度である．簡単のために $a=\mu g/2$, $b=k^2/m$ とおくと，上式は

$$(D^2+2aD+b)\,x = 0 \tag{2.15}$$

と書ける．いま，2 次方程式 $\xi^2+2a\xi+b=0$ の 2 根を λ_1, λ_2 とすると，(2.15) は次のように変形できる．

$$(D-\lambda_1)(D-\lambda_2)\,x = 0$$

これと例 2.5 から，(2.15) の一般解は

$$x(t) = c_1\mathrm{e}^{\lambda_1 t}+c_2\mathrm{e}^{\lambda_2 t} \qquad (\lambda_1 \neq \lambda_2 \text{ のとき})$$
$$x(t) = (c_0+c_1t)\,\mathrm{e}^{\lambda_1 t} \qquad (\lambda_1 = \lambda_2 \text{ のとき})$$

となる．さて，$d=a^2-b$ とおくと，

$$\lambda_1, \lambda_2 = -a\pm\sqrt{d} \qquad (d>0 \text{ のとき})$$
$$\lambda_1 = \lambda_2 = -a \qquad (d=0 \text{ のとき})$$
$$\lambda_1, \lambda_2 = -a\pm\mathrm{i}\sqrt{-d} \qquad (d<0 \text{ のとき})$$

$d<0$ の場合は λ_1, λ_2 が虚数となるので，例 2.7 と同様の処理が必要である．以上より，一般解は

$$x(t) = \begin{cases} \mathrm{e}^{-at}(c_1\mathrm{e}^{\sqrt{d}\,t}+c_2\mathrm{e}^{-\sqrt{d}\,t}) & (d>0 \text{ のとき}) \\ \mathrm{e}^{-at}(c_0+c_1t) & (d=0 \text{ のとき}) \\ \mathrm{e}^{-at}(c_1\cos\sqrt{-d}\,t+c_2\sin\sqrt{-d}\,t) & (d<0 \text{ のとき}) \end{cases}$$

で与えられる．ここで c_0, c_1, c_2 は任意の実定数である．　□

注意 2.2　上の一連の例で見てきたように，微分演算子を含む多項式や分数式の計算においては，通常の数式のように因数分解や部分分数展開などの式変形を行な

っても何ら差しつかえない．このような式変形がなぜ可能かというと，任意の定数係数の多項式 f, g, h に対して以下の諸法則が成り立つからである．

(1)　$f(D)+g(D) = g(D)+f(D)$　(加法の交換律)

(2)　$\{f(D)+g(D)\}+h(D) = f(D)+\{g(D)+h(D)\}$　(加法の結合律)

(3)　$f(D)g(D) = g(D)f(D)$　(乗法の交換律)

(4)　$\{f(D)g(D)\}h(D) = f(D)\{g(D)h(D)\}$　(乗法の結合律)

(5)　$f(D)\{g(D)+h(D)\} = f(D)g(D)+f(D)h(D)$　(分配律)

性質(1), (2), (4)は $f(D), g(D), h(D)$ の定義から自明であり，微分演算子 D の性質とは無関係に成り立つ．性質(5)は，つまるところ $f(D)=D$ の場合の分配律

$$D\{g(D)+h(D)\} = Dg(D)+Dh(D)$$

に帰着されるが，これは微分演算 $x \mapsto Dx$ の線形性から導かれる．性質(3)は，微分演算とスカラー倍の演算 $x \mapsto ax$ の交換可能性

$$Da = aD$$

に帰着する．性質(3)以外は，f, g, h が変数係数の(すなわち係数が t の関数であるような)多項式であっても成立する．しかし性質(3)は，一般に

$$D[a(t)x] \neq a(t)Dx$$

であるから成立しない．よって，上記の諸例で用いた式変形が無条件に許されるのは，定数係数の場合に限る．

微分演算子を含む無限級数の計算も，ある場合には可能である．

例 2.9　$g(t)$ が多項式のとき，以下の級数展開から特解が簡単に求まる．

$$\frac{1}{1-D}g(t) = (1+D+D^2+\cdots)g(t)$$

ただし，上式の左辺は微分方程式の一般解を表わすのに対し，右辺は特解のひとつを表わすにすぎず，両者は厳密には同等でない．よって演算子法では上のような展開は一般には正当化されないが，特解の計算には便利である．　□

例 2.10　実数 h に対し，

$$\begin{aligned} e^{hD}x(t) &= \left(\sum_{k=0}^{\infty}\frac{h^k}{k!}D^k\right)x(t) = \sum_{k=0}^{\infty}\frac{h^k}{k!}x^{(k)}(t) \\ &= x(t+h) \end{aligned}$$

上の変形が許されるためには，$x(t)$ が解析関数でないといけないが，実際は，関係式 $e^{hD}x(t)=x(t+h)$ がずっと広いクラスの関数に対して成り立つように，e^{hD} に自然な意味づけができることが知られている．　□

Laplace 変換や超関数の理論を適用すれば，より高度な演算子法の展開が可能である．

§2.3　定数係数連立系——行列の指数関数

本節で扱うのは，正規形の定数係数線形常微分方程式系である．具体的には次の形のシステムを考える．

$$\frac{\mathrm{d}x}{\mathrm{d}t} = Ax \tag{2.16}$$

ここで，

$$x(t) = \begin{pmatrix} x_1(t) \\ \vdots \\ x_n(t) \end{pmatrix}, \quad A = \begin{pmatrix} a_{11} & \cdots & a_{1n} \\ \vdots & & \vdots \\ a_{n1} & \cdots & a_{nn} \end{pmatrix}$$

(a)　行列の指数関数

いま，A をあたかもスカラーのように見たてて(2.16)を形式的に解くと

$$x(t) = \mathrm{e}^{tA}x(0) \tag{2.17}$$

となる．上式の右辺に現れる e^{tA} は，指数関数 e^z の独立変数 z に行列 tA を形式的に代入したものである．そもそも z がスカラーの場合にのみ定義された関数 e^z に，いきなり行列を代入するというのは少々乱暴な話ではある．しかしながら，もし e^{tA} にきちんと意味づけができれば，(2.17)が方程式(2.16)の解の公式として正当化されることになる．

さて，行列の指数関数の意味づけを考えるために，通常の指数関数の Taylor 展開を思い出そう．

$$\mathrm{e}^z = 1+\frac{z}{1!}+\frac{z^2}{2!}+\cdots+\frac{z^k}{k!}+\cdots$$

右辺のベキ級数は z がどんな実数(あるいは複素数)であっても収束する．よく知られた指数関数の公式

$$\mathrm{e}^{z_1+z_2} = \mathrm{e}^{z_1}\mathrm{e}^{z_2}$$

$$\frac{\mathrm{d}}{\mathrm{d}z}\mathrm{e}^z = \mathrm{e}^z$$

も，上のベキ級数展開から容易に導かれる．同じようにして，$n\times n$ 行列 X の**指数関数**を次式で“定義”する．

$$\mathrm{e}^X = I+\frac{1}{1!}X+\frac{1}{2!}X^2+\cdots+\frac{1}{k!}X^k+\cdots$$
$$=\sum_{k=0}^{\infty}\frac{1}{k!}X^k \qquad (2.18)$$

ここで I は単位行列である．実数や複素数の場合と同様，(2.18)の右辺の級数が任意の行列 X に対して収束することを証明することができる．ここで，“収束”とは行列の各成分ごとの収束を意味する．より詳しくは，各成分ごとに級数が**絶対収束**することが示される．これを証明するには，適当な優級数を構成してやればよい(演習問題2.6)．e^X は $\exp(X)$ とも書かれる．

スカラーの場合と異なり，指数公式

$$\mathrm{e}^{X+Y}=\mathrm{e}^X\mathrm{e}^Y$$

は一般に成立しないことには注意が必要である．例えば

$$X=\begin{pmatrix}0&1\\0&0\end{pmatrix},\qquad Y=\begin{pmatrix}0&0\\1&0\end{pmatrix}$$

の場合，$X^k=O,\ Y^k=O\ (k\geqq 2)$ より

$$\mathrm{e}^X=I+X=\begin{pmatrix}1&1\\0&1\end{pmatrix},\qquad \mathrm{e}^Y=I+Y=\begin{pmatrix}1&0\\1&1\end{pmatrix}$$

ゆえ

$$\mathrm{e}^X\mathrm{e}^Y=\begin{pmatrix}2&1\\1&1\end{pmatrix}$$

となるが，一方，

$$\mathrm{e}^{X+Y}=\exp\left(\begin{pmatrix}0&1\\1&0\end{pmatrix}\right)$$
$$=\sum_{k=0}^{\infty}\frac{1}{(2k)!}I+\sum_{k=0}^{\infty}\frac{1}{(2k+1)!}\begin{pmatrix}0&1\\1&0\end{pmatrix}$$
$$=\begin{pmatrix}\dfrac{\mathrm{e}+\mathrm{e}^{-1}}{2}&\dfrac{\mathrm{e}-\mathrm{e}^{-1}}{2}\\[2mm]\dfrac{\mathrm{e}-\mathrm{e}^{-1}}{2}&\dfrac{\mathrm{e}+\mathrm{e}^{-1}}{2}\end{pmatrix}$$

であるので，$\mathrm{e}^{X+Y}\neq\mathrm{e}^X\mathrm{e}^Y$ となる．しかしながら，“行列 X, Y が可換，すなわ

ち $XY=YX$ である場合は，指数公式が成り立つ”．これは，次のような直接計算によって確かめられる．

$$
\begin{aligned}
e^X e^Y &= \left(\sum_{j=0}^{\infty}\frac{1}{j!}X^j\right)\left(\sum_{k=0}^{\infty}\frac{1}{k!}Y^k\right)\\
&= \sum_{j,k=0}^{\infty}\frac{1}{j!k!}X^jY^k\\
&= \sum_{k=0}^{\infty}\frac{1}{k!}\left(\sum_{j=0}^{k}\frac{k!}{j!(k-j)!}X^jY^{k-j}\right)\\
&= \sum_{k=0}^{\infty}\frac{1}{k!}(X+Y)^k = e^{X+Y}
\end{aligned}
$$

上の変形においては，途中で級数の項の順序が入れ替わっているが，絶対収束する級数においてこうした操作が許されるのはスカラーの場合とまったく同様である．

さて，上式よりとくに

$$
e^{(t+s)A} = e^{tA}e^{sA} \qquad (s,\, t \in \mathbf{R}) \tag{2.19}
$$

が得られる．また，級数

$$
e^{tA} = I + \frac{t}{1!}A + \frac{t^2}{2!}A^2 + \cdots + \frac{t^k}{k!}A^k + \cdots
$$

を項別に微分することにより，公式

$$
\frac{d}{dt}e^{tA} = Ae^{tA} \tag{2.20}
$$

を得る．この公式から，以下の定理がただちに従う．

定理 2.3　初期値問題

$$
\begin{cases}
\dfrac{dx}{dt} = Ax\\
x(0) = \eta
\end{cases} \tag{2.21}
$$

の解は

$$
x(t) = e^{tA}\eta
$$

で与えられる．　□

(b)　解の具体的計算法

行列の指数関数はベキ級数によって定義されているが，それをより簡明な形に書き表わすことができなければ定理 2.3 の解の公式もあまり役に立たない．幸い，行列の射影分解を用いれば，e^{tA} の具体形を比較的容易に求めることができる．この方法について以下説明する．

(1)　対角行列の場合

$$A = \begin{pmatrix} \lambda_1 & & & O \\ & \lambda_2 & & \\ & & \ddots & \\ O & & & \lambda_n \end{pmatrix}$$

とすると，

$$A^k = \begin{pmatrix} {\lambda_1}^k & & & O \\ & {\lambda_2}^k & & \\ & & \ddots & \\ O & & & {\lambda_n}^k \end{pmatrix} \qquad (k = 0, 1, 2, \cdots)$$

である．したがってこの場合は級数の計算は容易にできて

$$e^{tA} = \begin{pmatrix} e^{t\lambda_1} & & & O \\ & e^{t\lambda_2} & & \\ & & \ddots & \\ O & & & e^{t\lambda_n} \end{pmatrix} \tag{2.22}$$

を得る．

(2)　対角化可能な行列の場合

A の固有値を $\lambda_1, \lambda_2, \cdots, \lambda_n$，対応する固有ベクトルを $\boldsymbol{p}_1, \boldsymbol{p}_2, \cdots, \boldsymbol{p}_n$ とし，これら固有ベクトルを縦ベクトルとする行列を P とおくと，よく知られているように

$$A = PA_0P^{-1}, \quad A_0 = \begin{pmatrix} \lambda_1 & & & O \\ & \lambda_2 & & \\ & & \ddots & \\ O & & & \lambda_n \end{pmatrix}$$

と書き表わされる．これより $A^k = (PA_0P^{-1})\cdots(PA_0P^{-1}) = P{A_0}^kP^{-1}$ $(k=0, 1, \cdots)$ となるので，

$$e^{tA} = Pe^{tA_0}P^{-1}$$

を得る．上式と，(2.22) において A を A_0 で置き換えたものを組み合わせることにより，

$$
\mathrm{e}^{tA} = P\begin{pmatrix} \mathrm{e}^{t\lambda_1} & & & O \\ & \mathrm{e}^{t\lambda_2} & & \\ & & \ddots & \\ O & & & \mathrm{e}^{t\lambda_n} \end{pmatrix}P^{-1} \tag{2.23}
$$

が得られる．ただし

$$
P = (\boldsymbol{p}_1, \boldsymbol{p}_2, \cdots, \boldsymbol{p}_n)
$$

解の公式としては，P の逆行列の計算を要しない次の形に表現するのが便利である．

定理 2.4　A は対角化可能な行列とし，その固有値および対応する固有ベクトルをそれぞれ $\lambda_1, \lambda_2, \cdots, \lambda_n$ および $\boldsymbol{p}_1, \boldsymbol{p}_2, \cdots, \boldsymbol{p}_n$ とおく(多重固有値は重複して数える)．このとき微分方程式(2.16)の一般解は，次式で与えられる．

$$
x(t) = c_1\mathrm{e}^{t\lambda_1}\boldsymbol{p}_1 + \cdots + c_n\mathrm{e}^{t\lambda_n}\boldsymbol{p}_n
$$

ここで $c_1, c_2, \cdots, c_n$ は任意定数である．とくに，

$$
\eta = c_1\boldsymbol{p}_1 + \cdots + c_n\boldsymbol{p}_n
$$

となるように定数 $c_1, \cdots, c_n$ を選べば，初期値問題(2.21)の解が得られる．

［証明］　$x(t)$ を任意の解とし，

$$
x(0) = c_1\boldsymbol{p}_1 + c_2\boldsymbol{p}_2 + \cdots + c_n\boldsymbol{p}_n
$$

となるように定数 $c_1, c_2, \cdots, c_n$ を選ぶ．すると

$$
\begin{aligned}
x(t) &= \mathrm{e}^{tA}x(0) \\
&= P\mathrm{e}^{tA_0}P^{-1}(c_1\boldsymbol{p}_1 + \cdots + c_n\boldsymbol{p}_n) \\
&= P\mathrm{e}^{tA_0}(c_1\boldsymbol{e}_1 + \cdots + c_n\boldsymbol{e}_n) \\
&= P(c_1\mathrm{e}^{t\lambda_1}\boldsymbol{e}_1 + \cdots + c_n\mathrm{e}^{t\lambda_n}\boldsymbol{e}_n) \\
&= c_1\mathrm{e}^{t\lambda_1}\boldsymbol{p}_1 + \cdots + c_n\mathrm{e}^{t\lambda_n}\boldsymbol{p}_n
\end{aligned}
$$

ここで $\boldsymbol{e}_j$ は第 j 成分が 1 で他の成分が 0 であるような単位ベクトルである．上の変形においては，$P\boldsymbol{e}_j = \boldsymbol{p}_j$，$P^{-1}\boldsymbol{p}_j = \boldsymbol{e}_j$ なる事実を用いた．■

例 2.11　次の微分方程式系の一般解を求めよう．

$$
\begin{cases} \dot{x} = y \\ \dot{y} = x \end{cases} \quad \left(\text{ただし}\ \dot{}\ = \frac{\mathrm{d}}{\mathrm{d}t}\right)
$$

$A=\begin{pmatrix} 0 & 1 \\ 1 & 0 \end{pmatrix}$ とおくと，A の固有値は $1, -1$ であり，対応する固有ベクトルは

$$\begin{pmatrix} 1 \\ 1 \end{pmatrix}, \quad \begin{pmatrix} 1 \\ -1 \end{pmatrix}$$

である．よって一般解は

$$\begin{pmatrix} x(t) \\ y(t) \end{pmatrix} = c_1 e^t \begin{pmatrix} 1 \\ 1 \end{pmatrix} + c_2 e^{-t} \begin{pmatrix} 1 \\ -1 \end{pmatrix} = \begin{pmatrix} c_1 e^t + c_2 e^{-t} \\ c_1 e^t - c_2 e^{-t} \end{pmatrix}$$

で与えられる． □

例 2.12 微分方程式系

$$\begin{cases} \dot{x} = -y \\ \dot{y} = x \end{cases}$$

の場合，係数行列は

$$A = \begin{pmatrix} 0 & -1 \\ 1 & 0 \end{pmatrix}$$

であり，固有値は i, −i，対応する固有ベクトルは

$$\begin{pmatrix} 1 \\ -i \end{pmatrix}, \quad \begin{pmatrix} 1 \\ i \end{pmatrix}$$

である．これに定理 2.4 を適用すると，一般解は

$$\begin{pmatrix} x(t) \\ y(t) \end{pmatrix} = c_1 e^{it} \begin{pmatrix} 1 \\ -i \end{pmatrix} + c_2 e^{-it} \begin{pmatrix} 1 \\ i \end{pmatrix}$$

となる．しかしながらこのままの形では実数解の表現にはふさわしくない．そこで，$c = c_1 + c_2$, $\tilde{c} = i(-c_1 + c_2)$ を新しい任意定数とし，さらに Euler の公式

$$e^{it} = \cos t + i \sin t, \quad e^{-it} = \cos t - i \sin t$$

を用いると，上式は次のように変形できる．

$$\begin{pmatrix} x(t) \\ y(t) \end{pmatrix} = \begin{pmatrix} c \cos t - \tilde{c} \sin t \\ \tilde{c} \cos t + c \sin t \end{pmatrix} = \begin{pmatrix} \cos t & -\sin t \\ \sin t & \cos t \end{pmatrix} \begin{pmatrix} c \\ \tilde{c} \end{pmatrix}$$

これが一般解の公式である．$t=0$ とおくことにより，$c = x(0)$, $\tilde{c} = y(0)$ であることもわかる．無論，(2.23) を直接計算することにより，

$$e^{tA} = \begin{pmatrix} \cos t & -\sin t \\ \sin t & \cos t \end{pmatrix} \tag{2.24}$$

を導くことも容易である．なお，指数公式 (2.19) は今の場合

$$\begin{pmatrix} \cos(t+s) & -\sin(t+s) \\ \sin(t+s) & \cos(t+s) \end{pmatrix} = \begin{pmatrix} \cos t & -\sin t \\ \sin t & \cos t \end{pmatrix}\begin{pmatrix} \cos s & -\sin s \\ \sin s & \cos s \end{pmatrix}$$

と表現されるが，これは**三角関数の加法定理**にほかならない． □

例 2.13

$$A = \begin{pmatrix} \alpha & -\beta \\ \beta & \alpha \end{pmatrix}$$

のとき，

$$A = \alpha I + \beta J, \quad J = \begin{pmatrix} 0 & -1 \\ 1 & 0 \end{pmatrix}$$

と分解すると，I, J は可換であるから $\mathrm{e}^{tA} = \mathrm{e}^{\alpha tI}\mathrm{e}^{\beta tJ}$ が成り立ち，これと(2.24)から

$$\mathrm{e}^{tA} = \mathrm{e}^{\alpha t}\begin{pmatrix} \cos\beta t & -\sin\beta t \\ \sin\beta t & \cos\beta t \end{pmatrix} \tag{2.25}$$

を得る． □

(3)　一般の場合

一般の正方行列は必ずしも対角化ができない．対角化に代わるものとしてJordan の標準形が知られている．これを用いると行列の指数関数が容易に計算できるが，Jordan の標準形を求めること自体が大きな行列ではなかなか面倒である．そこで本書では，Jordan の標準形を具体的に求める必要のない，より簡便な計算方法について説明する．この方法は行列の射影分解に基づいているので，基本的な考え方は Jordan の標準形を用いる方法と同じだが，実際の作業はかなり楽になる．

いま，A を勝手な $n\times n$ 行列とする．n 次元ベクトル $\boldsymbol{p}$ が，ある実数 λ と正の整数 m に対して

$$(A-\lambda I)^m \boldsymbol{p} = \mathbf{0} \tag{2.26}$$

をみたすとき，$\boldsymbol{p}$ を λ に属する A の**一般固有ベクトル**または**広義固有ベクトル**と呼ぶ．$\boldsymbol{p}$ が一般固有ベクトルならば，(2.26)が成り立つような最小の整数 m を選ぶと

$$A(A-\lambda I)^{m-1}\boldsymbol{p} = \lambda(A-\lambda I)^{m-1}\boldsymbol{p}$$
$$(A-\lambda I)^{m-1}\boldsymbol{p} \neq \mathbf{0}$$

が成り立つから，λ は A の固有値であることがわかる．

ところで，A の固有値は実数でないことも多く，そのとき対応する固有ベクトルも実ベクトルにはならないので，ひとまず，A が作用している空間を $\mathbf{R}^n$ から複素 n 次元ベクトル全体の空間 $\mathbf{C}^n$ に拡張しておいた方が議論がやりやすい(これを A の**複素化**という)．そこで，とりあえず方程式(2.16)の複素数解全体を求め，その中から実数解を選び出すという手順をとることにする．こうした方が，最初から実数の範囲だけで解を求める方法よりも，ずっと見通しのよい議論ができる(例2.12参照)．

さて，A の固有値 λ に対し，

$$W_\lambda = \{\boldsymbol{p} \in \mathbf{C}^n \mid A\boldsymbol{p} = \lambda\boldsymbol{p}\}$$
$$W_\lambda^{(m)} = \{\boldsymbol{p} \in \mathbf{C}^n \mid (A-\lambda I)^m \boldsymbol{p} = 0\}$$
$$\tilde{W}_\lambda = \bigcup_{m=1}^{\infty} W_\lambda^{(m)}$$

とおく．容易にわかるように

$$W_\lambda = W_\lambda^{(1)} \subseteqq W_\lambda^{(2)} \subseteqq \cdots \subseteqq \tilde{W}_\lambda$$

が成り立つ．また，ある番号 m から先は

$$W_\lambda^{(m)} = W_\lambda^{(m+1)} = \cdots = \tilde{W}_\lambda$$

となることも知られている．W_λ を λ に属する A の**固有空間**，$\tilde{W}_\lambda$ を**一般固有空間**または**広義固有空間**という．これらはいずれも $\mathbf{C}^n$ の線形部分空間である．A の相異なる固有値の全体を $\lambda_1, \lambda_2, \cdots, \lambda_l$ とすると，

$$\tilde{W}_{\lambda_1} \oplus \tilde{W}_{\lambda_2} \oplus \cdots \oplus \tilde{W}_{\lambda_l} = \mathbf{C}^n \tag{2.27}$$

が成り立つことも線形代数学でよく知られた事実である．ここで $\oplus$ は部分空間どうしの直和を表わす．

(2.27)は，言いかえれば，任意のベクトル $x \in \mathbf{C}^n$ が

$$x = x_1 + x_2 + \cdots + x_l \tag{2.28}$$
$$(\text{ただし } x_j \in \tilde{W}_{\lambda_j},\ j = 1, 2, \cdots, l)$$

という形に一意的に書き表わされることを意味している．とくに行列 A が対角化可能な場合は，任意の固有値 λ に対して $\tilde{W}_\lambda = W_\lambda$ が成り立つので，(2.28)の右辺の各 x_j は A の固有ベクトルである．すなわちこの場合は，任意のベクトル x が A の固有ベクトルの線形結合で表わされる．

(2.28)において，x を x_j に対応させる写像を P_j と書くと，これは線形写像である．その行列表現を再び P_j で表わすと，次式が成り立つ．

$$P_1+P_2+\cdots+P_l = I \qquad (\text{単位行列})$$

$$P_j^2 = P_j, \quad P_jP_k = O \qquad (j \neq k)$$

また，各 $\tilde{W}_{\lambda_j}$ が A の不変部分空間である——すなわち $A\tilde{W}_{\lambda_j} \subset \tilde{W}_{\lambda_j}$ が成り立つ——ことから，

$$AP_j = P_jA \qquad (j = 1, 2, \cdots, l)$$

が成立する．

さて，射影 $P_1, P_2, \cdots, P_l$ は，以下の手順で計算できる．まず，行列 A の固有多項式を $\varphi_A(\xi)$ とおく．

$$\varphi_A(\xi) = \det(\xi I - A)$$

$\varphi_A(\xi)$ は次のように因数分解できる．

$$\varphi_A(\xi) = (\xi-\lambda_1)^{\alpha_1}(\xi-\lambda_2)^{\alpha_2}\cdots(\xi-\lambda_l)^{\alpha_l}$$

$$\alpha_1+\alpha_2+\cdots+\alpha_l = n$$

$1/\varphi_A(\xi)$ を部分分数に展開してみよう．

$$\frac{1}{\varphi_A(\xi)} = \frac{g_1(\xi)}{(\xi-\lambda_1)^{\alpha_1}}+\cdots+\frac{g_l(\xi)}{(\xi-\lambda_l)^{\alpha_l}}$$

ここで $g_j(\xi)$ はたかだか α_j-1 次の多項式である．両辺に $\varphi_A(\xi)$ を乗じると，

$$f_1(\xi)g_1(\xi)+f_2(\xi)g_2(\xi)+\cdots+f_l(\xi)g_l(\xi) = 1$$

が得られる．ただし

$$f_j(\xi) = (\xi-\lambda_1)^{\alpha_1}\cdots\overset{j}{\vee}\cdots(\xi-\lambda_l)^{\alpha_l} \left(= \frac{\varphi_A(\xi)}{(\xi-\lambda_j)^{\alpha_j}}\right)$$

いま，

$$P_j = f_j(A)g_j(A) \qquad (j = 1, 2, \cdots, l) \tag{2.29}$$

と定義すると，

$$(A-\lambda_jI)^{\alpha_j}P_j = \varphi_A(A)g_j(A)$$

Cayley-Hamilton の定理により，$\varphi_A(A)=0$ であるから，

$$(A-\lambda_jI)^{\alpha_j}P_j = 0 \tag{2.30}$$

これは，P_j の値域が $\tilde{W}_j$ に含まれることを意味している．また，以下のことも容易に示される．

$$P_1+P_2+\cdots+P_l = I$$

$$P_jP_k = 0 \qquad (j \neq k)$$

これより,

$$P_j^2 = P_j(P_1+P_2+\cdots+P_l) = P_jI = P_j$$

も従う. これらのことから, (2.29)で定めた P_j が, はじめに与えた一般固有空間 $\tilde{W}_{\lambda_j}$ の上への射影作用素であることがわかる.

注意 2.3 射影作用素の構成の際, 固有多項式 $\varphi_A(\xi)$ のかわりに最小多項式

$$\psi_A(\xi) = (\xi-\lambda_1)^{\beta_1}\cdots(\xi-\lambda_l)^{\beta_l}$$

を用いてもよい(やり方はまったく同じである). 最小多項式とは, $\psi_A(A)=0$ が成り立つような0でない多項式の中で次数が最小となるものである. 固有多項式との間には, $1\leqq\beta_j\leqq\alpha_j$ $(j=1,\cdots,l)$ なる関係がある. $\psi_A(\xi)$ を用いれば,

$$(A-\lambda_jI)^{\beta_j}P_j = 0 \tag{2.30'}$$

が成り立つことがわかる.

さて, (2.30′)より,

$$\begin{aligned} e^{tA}P_j &= e^{t\lambda_j}e^{t(A-\lambda_jI)}P_j \\ &= e^{t\lambda_j}\sum_{k=0}^{\infty}\frac{t^k}{k!}(A-\lambda_jI)^kP_j \\ &= e^{t\lambda_j}\sum_{k=0}^{\beta_j-1}\frac{t^k}{k!}(A-\lambda_jI)^kP_j \end{aligned}$$

よって

$$\begin{aligned} e^{tA} &= e^{tA}(P_1+P_2+\cdots+P_l) \\ &= e^{t\lambda_1}h_1(t)P_1+\cdots+e^{t\lambda_l}h_l(t)P_l \end{aligned} \tag{2.31}$$

を得る. ここで

$$h_j(t) = \sum_{k=0}^{\beta_j-1}\frac{t^k}{k!}(A-\lambda_jI)^k$$

は, 各成分が t のたかだか β_j-1 次の多項式となるような行列である. (2.31)を行列 e^{tA} の**射影分解**と呼ぶ. とくに A が対角化可能な場合は, $\beta_1=\cdots=\beta_l=1$ が成り立つので, (2.31)は次の形に書ける.

$$e^{tA} = e^{t\lambda_1}P_1+\cdots+e^{t\lambda_l}P_l \tag{2.32}$$

また, この場合は射影作用素の計算も容易で, 次式で与えられる.

$$P_j = \frac{1}{f_j(\lambda_j)} f_j(A) \tag{2.33}$$

ただし

$$f_j(\xi) = (\xi-\lambda_1)\cdots\overset{j}{\vee}\cdots(\xi-\lambda_l)$$

例 2.14　次の二つの行列の指数関数を求めてみよう．

(1)　$A = \begin{pmatrix} 0 & 1 \\ 1 & 0 \end{pmatrix}$　　(2)　$A = \begin{pmatrix} 1 & 1 \\ 0 & 1 \end{pmatrix}$

まず(1)の場合，固有多項式は $(\lambda-1)(\lambda+1)$ となるので，(2.33)より

$$P_1 = \frac{1}{2}(A+I) = \frac{1}{2}\begin{pmatrix} 1 & 1 \\ 1 & 1 \end{pmatrix}, \quad P_2 = -\frac{1}{2}(A-I) = \frac{1}{2}\begin{pmatrix} 1 & -1 \\ -1 & 1 \end{pmatrix}$$

これと(2.32)から次式が得られる．

$$\mathrm{e}^{tA} = \mathrm{e}^{t\lambda_1}P_1 + \mathrm{e}^{t\lambda_2}P_2 = \frac{1}{2}\begin{pmatrix} \mathrm{e}^t+\mathrm{e}^{-t} & \mathrm{e}^t-\mathrm{e}^{-t} \\ \mathrm{e}^t-\mathrm{e}^{-t} & \mathrm{e}^t+\mathrm{e}^{-t} \end{pmatrix} \tag{2.34}$$

次に(2)の場合は，固有多項式は $(\lambda-1)^2$ であり，$\lambda=1$ が唯一の固有値である．よって，(2.31)と $(A-I)^2=O$ から，

$$\mathrm{e}^{tA} = \mathrm{e}^t\{I+t(A-I)\} = \begin{pmatrix} \mathrm{e}^t & t\mathrm{e}^t \\ 0 & \mathrm{e}^t \end{pmatrix}$$

□

(c)　非斉次方程式

非斉次方程式に対する初期値問題

$$\begin{cases} \dfrac{\mathrm{d}x}{\mathrm{d}t} = Ax + f(t) \\ x(0) = \eta \end{cases} \tag{2.35}$$

の解の公式を求めよう．ここで，A は定数を成分とする n 次正方行列，$x(t)$，$f(t)$，η はいずれも n 次元ベクトルである．方法は§1.2(e)で与えたスカラーの場合と基本的に同じく，定数変化法による．上の方程式の両辺に e^{-tA} を左から乗じて変形すると

$$\frac{\mathrm{d}}{\mathrm{d}t}\{\mathrm{e}^{-tA}x\} = \mathrm{e}^{-tA}f(t)$$

これを(成分ごとに)積分して

$$\mathrm{e}^{-tA}x(t) - \eta = \int_0^t \mathrm{e}^{-sA}f(s)\,\mathrm{d}s$$

両辺に e^{tA} を左からかけると

$$x(t) = \mathrm{e}^{tA}\eta + \int_0^t \mathrm{e}^{(t-s)A} f(s)\,\mathrm{d}s \tag{2.36}$$

を得る．これが初期値問題(2.35)の解の公式である．

例 2.15　例 2.2 で扱った方程式に対する初期値問題

$$\begin{cases} \ddot{x} + k^2 x = \sin \omega t \\ x(0) = \eta_0, \quad \dot{x}(0) = \eta_1 \end{cases} \tag{2.37}$$

を考える．$y = \dot{x}/k$ とおき，

$$A = \begin{pmatrix} 0 & k \\ -k & 0 \end{pmatrix}, \quad \tilde{x} = \begin{pmatrix} x \\ y \end{pmatrix}, \quad \eta = \begin{pmatrix} \eta_0 \\ \eta_1 \end{pmatrix}, \quad f(t) = \begin{pmatrix} 0 \\ \sin \omega t \end{pmatrix}$$

とおくと，(2.37)は次の形に書き直せる．

$$\begin{cases} \dot{\tilde{x}} = A\tilde{x} + \dfrac{1}{k} f(t) \\ \tilde{x}(0) = \eta \end{cases}$$

(2.25)より，

$$\mathrm{e}^{tA} = \begin{pmatrix} \cos kt & \sin kt \\ -\sin kt & \cos kt \end{pmatrix}$$

が得られるので，これと(2.36)から，

$$\tilde{x}(t) = \begin{pmatrix} \cos kt & \sin kt \\ -\sin kt & \cos kt \end{pmatrix} \begin{pmatrix} \eta_0 \\ \eta_1 \end{pmatrix} + \frac{1}{k}\int_0^t \begin{pmatrix} \sin k(t-s) \sin \omega s \\ \cos k(t-s) \sin \omega s \end{pmatrix} \mathrm{d}s$$

が導かれる．これを実際に計算することで，例 2.2 と同じ結論が得られる．例 2.2 では非斉次方程式の特解を天下り的に与えたが，本例の方法を用いれば特解は自然に見つかることになる．　□

§2.4　変数係数方程式

本節では方程式

$$\frac{\mathrm{d}x}{\mathrm{d}t} = A(t)x \tag{2.38}$$

を扱う．ここで，$A(t)$ は(2.5)で与えた $n \times n$ 行列で，各成分 $a_{ij}(t)$ は t の連続関数であるとする．

(a)　解の基本系

定理 2.1 で述べたように，(2.38)の解全体は n 次元の線形空間をなす．その基，すなわち(2.38)の n 個の 1 次独立な解 $x^1(t), x^2(t), \cdots, x^n(t)$ を微分方程式(2.38)の**解の基本系**(fundamental system of solutions)という．また，これらの解を縦ベクトルとする行列

$$X(t) = (x^1(t), x^2(t), \cdots, x^n(t))$$

を**基本行列**と呼ぶ．さて，$x^1(t), \cdots, x^n(t)$ を(2.38)の勝手な解の組とするとき，補題 2.1 から明らかなように以下の 3 条件は同値である．

(A1)　$x^1(t), \cdots, x^n(t)$ は解の基本系をなす．

(A2)　ある $t_0 \in \mathbf{R}$ に対し，ベクトル $x^1(t_0), \cdots, x^n(t_0)$ は 1 次独立．

(A3)　任意の $t_0 \in \mathbf{R}$ に対し，ベクトル $x^1(t_0), \cdots, x^n(t_0)$ は 1 次独立．

これより，基本行列 $X(t)$ は任意の t に対して正則行列になることがわかる．

方程式(2.38)の一般解は，解の基本系の 1 次結合で表わされる(定理 2.1(ii)とそれに続く注意)．すなわち，$X(t)$ を基本行列とすると，任意の解 $x(t)$ は適当な定数ベクトル c を用いて $x(t)=X(t)c$ と書ける．このことから，勝手な二つの基本行列 $X(t), \tilde{X}(t)$ に対して，正則な定数行列 Q が存在して

$$\tilde{X}(t) = X(t)Q \qquad (-\infty < t < \infty) \tag{2.39}$$

なる関係式が成り立つことがわかる．

さて，s を勝手な実数とし，初期値問題

$$\begin{cases} \dfrac{\mathrm{d}x}{\mathrm{d}t} = A(t)x \\ x(s) = \eta \end{cases} \tag{2.40}$$

の解を $x(t\,;s,\eta)$ とおく．方程式の線形性から，次式が成り立つ．

$$\begin{aligned} x(t\,;s,\eta) &= x(t\,;s,\eta_1\boldsymbol{e}_1+\cdots+\eta_n\boldsymbol{e}_n) \\ &= \eta_1 x(t\,;s,\boldsymbol{e}_1)+\cdots+\eta_n x(t\,;s,\boldsymbol{e}_n) \end{aligned}$$

ここで，η_j は η の第 j 成分を，$\boldsymbol{e}_j$ は第 j 成分が 1 で他の成分が 0 である単位ベクトルを表わす．いま，$x(t\,;s,\boldsymbol{e}_1), \cdots, x(t\,;s,\boldsymbol{e}_n)$ を縦ベクトルとする $n\times n$ 行列を $\Phi(t,s)$ とおくと，(2.40)の解は，上式から，

$$x(t\,;s,\eta) = \Phi(t,s)\eta$$

と書き表わされる．この行列 $\Phi(t,s)$ を方程式(2.38)の**基本解**(fundamental solution)あるいは**素解**(elementary solution)と呼ぶ．

命題 2.2　素解 $\Phi(t,s)$ は次の性質をもつ．

(i)　任意の実数 t,s に対して，$\Phi(t,s)$ は正則行列．

(ii)　$\Phi(s,s)=I$　(単位行列)

(iii)　$\Phi(t,s)\Phi(s,r)=\Phi(t,r)$

(iv)　$X(t)$ を勝手な基本行列とすると，$\Phi(t,s)=X(t)X(s)^{-1}$

[証明]　$x(t;s,\eta)$ を初期値問題(2.40)の解とすると，$x(s;s,\eta)=\eta$．すなわち $\Phi(s,s)\eta=\eta$ が任意の $\eta\in\mathbf{R}^n$ に対して成立する．よって(ii)が示された．

次に(iv)を示す．実数 s を固定し，$\tilde{X}(t)=\Phi(t,s)$ とおくと，$\Phi(t,s)$ の定義から $\tilde{X}(t)$ が基本行列であるのは明らかである．よって適当な正則行列 Q が存在して(2.39)が成立する．とくに $t=s$ とおくと，

$$X(s)Q=\tilde{X}(s)=\Phi(s,s)=I$$

よって $Q=X(s)^{-1}$．s は勝手な実数であったから(iv)が成立する．

(iii)は次のようにして証明できる．

$$\begin{aligned}\Phi(t,s)\Phi(s,r)&=X(t)X(s)^{-1}X(s)X(r)^{-1}\\&=X(t)X(r)^{-1}=\Phi(t,r)\end{aligned}$$

(i)は(iv)より明らか．　■

上記命題の(iii)は，次のような考え方で説明することもできる．はじめに時刻 r で初期値 a を与えて初期値問題を解く．その解の時刻 s における値を b とし，こんどは s を初期時刻，b を初期値とみなして初期値問題を再び解く．得られた解の時刻 t における値を c とすると，これは，はじめの初期値問題の解を時刻 t まで延長したときに得られる値に等しいことは明らかである．

$$\begin{array}{ccccc}\text{時刻 } r & & \text{時刻 } s & & \text{時刻 } t\\ a & \underset{\Phi(s,r)}{\longmapsto} & b & \underset{\Phi(t,s)}{\longmapsto} & c\\ a & & \underset{\Phi(t,r)}{\longmapsto} & & c\end{array}$$

このことから，$\Phi(t,r)=\Phi(t,s)\Phi(s,r)$ が得られる．

なお，$A(t)$ が定数行列の場合は，定理 2.3 より $\Phi(t,0)=e^{tA}$ となるから，上記命題の(iv)より

$$\Phi(t,s) = \mathrm{e}^{(t-s)A} \tag{2.41}$$

が成り立つ.

(b) ロンスキアン

いま, $x^1(t), \cdots, x^n(t)$ を(2.38)の勝手な n 個の解の系(基本系とは限らない)とするとき, 行列式

$$W(t) = \det((x^1(t), \cdots, x^n(t)))$$

をこの解の系の **Wronski 行列式**または**ロンスキアン**(Wronskian)と呼ぶ. $x^1(t), \cdots, x^n(t)$ が解の基本系をなすことと $W(t) \neq 0$ が成り立つこととが同値であることは§2.4(a)で述べた条件(A1)〜(A3)の同値性からわかる.

命題 2.3　$W(t)$ を(2.38)の任意の解の系のロンスキアンとするとき,

$$\frac{\mathrm{d}}{\mathrm{d}t} W(t) = \mathrm{tr}(A(t))\, W(t)$$

が成り立つ. ここで tr は行列のトレースを表わす. すなわち

$$\mathrm{tr}(A(t)) = a_{11}(t) + a_{22}(t) + \cdots + a_{nn}(t)$$

[証明]　基本行列 $X(t) = (x^1(t), \cdots, x^n(t))$ の横ベクトルを $y^1(t), \cdots, y^n(t)$ とおく.

$$\frac{\mathrm{d}}{\mathrm{d}t} W(t) = \frac{\mathrm{d}}{\mathrm{d}t}\begin{vmatrix} y^1(t) \\ \vdots \\ y^n(t) \end{vmatrix} = \begin{vmatrix} \dfrac{\mathrm{d}}{\mathrm{d}t} y^1(t) \\ y^2(t) \\ \vdots \\ y^n(t) \end{vmatrix} + \cdots + \begin{vmatrix} y^1(t) \\ y^2(t) \\ \vdots \\ \dfrac{\mathrm{d}}{\mathrm{d}t} y^n(t) \end{vmatrix}$$

$$= \begin{vmatrix} \sum_j a_{1j} y^j \\ y^2 \\ \vdots \\ y^n \end{vmatrix} + \begin{vmatrix} y^1 \\ \sum a_{2j} y^j \\ y^3 \\ \vdots \\ y^n \end{vmatrix} + \cdots + \begin{vmatrix} y^1 \\ \vdots \\ y^{n-1} \\ \sum a_{nj} y^j \end{vmatrix}$$

$$= a_{11}\begin{vmatrix} y^1 \\ \vdots \\ y^n \end{vmatrix} + a_{22}\begin{vmatrix} y^1 \\ \vdots \\ y^n \end{vmatrix} + \cdots + a_{nn}\begin{vmatrix} y^1 \\ \vdots \\ y^n \end{vmatrix}$$

$$= \mathrm{tr}(A)\, W$$

∎

系

$$W(t) = W(t_0)\exp\left(\int_{t_0}^{t} \mathrm{tr}(A(s))\mathrm{d}s\right)$$ □

命題2.3は次のような幾何学的意味をもっている．簡単のため，以下 $n=2$ とする．いま，$\mathbf{R}^2$ 上に勝手な3点 P_0, Q_0, R_0 をとり，これらの点を初期値とする初期値問題

$$\begin{cases} \dfrac{\mathrm{d}x}{\mathrm{d}t} = A(t)x \\ x(t_0) = \eta \end{cases}$$

の解をそれぞれ $P(t), Q(t), R(t)$ とおく．この3点が構成する三角形の面積を $S(t)$ とおくと，

$$S(t) = \frac{1}{2}|\det((Q(t)-P(t), R(t)-P(t)))|$$

が成り立つ．$Q(t)-P(t)$, $R(t)-P(t)$ は再び方程式 $\mathrm{d}x/\mathrm{d}t=A(t)x$ の解となるので，これらに対するロンスキアンを $W(t)$ とおくと

$$S(t) = \frac{1}{2}|W(t)|$$

が得られる．よって

$$\frac{\mathrm{d}}{\mathrm{d}t}S(t) = \mathrm{tr}(A(t))S(t)$$

すなわち，三角形の面積の変化率は $\mathrm{tr}(A(t))$ に等しい．もっと一般の図形の場合も，細かく三角形分割して個々の微小三角形の面積変化に着目すれば，上と同様の結果が成り立つことがわかる．空間次元 n が一般の場合も同じである．以上をまとめて，次の命題を得る．

命題2.4　D を $\mathbf{R}^n$ 内の部分集合とし，その体積を $|D|$ で表わす(D が確定した体積をもつことは仮定する)．$\Phi(t,s)$ を方程式(2.38)の素解とすると，

$$\frac{\mathrm{d}}{\mathrm{d}t}|\Phi(t,s)D| = \mathrm{tr}(A(t))|\Phi(t,s)D|$$

が成り立つ．とくに，$\mathrm{tr}(A(t))\equiv 0$ であれば，$\Phi(t,s)$ は $\mathbf{R}^n$ 上の任意の図形の体積を保存する． □

命題2.4は非線形方程式の場合に拡張できる．それについては§3.6で述べる．

例 2.16

(i) $\begin{cases} \dot{x} = x \\ \dot{y} = y \end{cases}$　　(ii) $\begin{cases} \dot{x} = -x \\ \dot{y} = -y \end{cases}$

(iii) $\begin{cases} \dot{x} = x \\ \dot{y} = -y \end{cases}$　　(iv) $\begin{cases} \dot{x} = -y \\ \dot{y} = x \end{cases}$

方程式系(i)では図形の面積は拡大し，(ii)では縮小する．(iii), (iv)では図形の面積は保存される(図 2.3)．　□

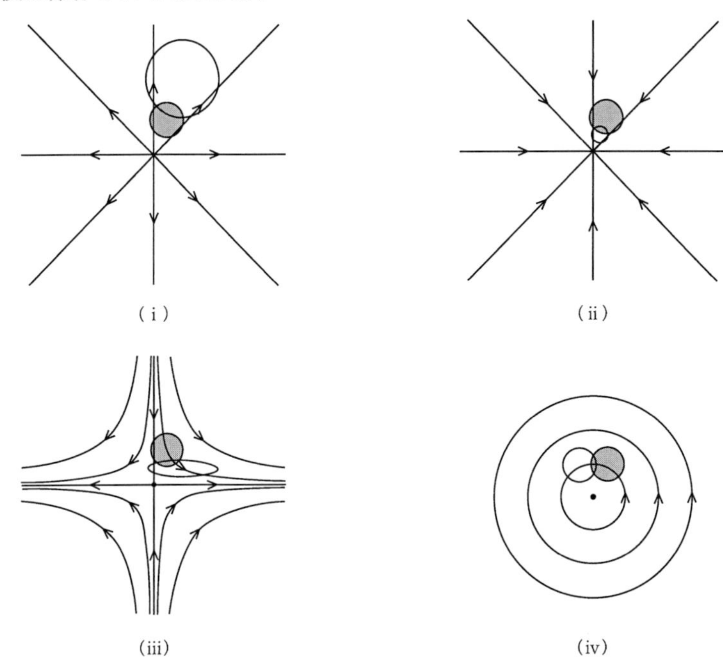

図 2.3　グレーで塗られた円形領域が一定時間後に太い曲線で囲まれた図形に変形する．

(c) 非斉次方程式

初期値問題

$$\begin{cases} \dfrac{\mathrm{d}x}{\mathrm{d}t} = A(t)x + f(t) \\ x(t_0) = \eta \end{cases} \tag{2.42}$$

の解の公式を求めよう．定数係数の場合はすでに(2.36)で与えた．変数係数の場合も，定数変化法が適用できる．斉次方程式の場合の解が $\Phi(t,t_0)\eta$ で与えられることに着目して，(2.42)の解を $\Phi(t,t_0)y(t)$ の形で求めよう．ここで $\Phi(t,s)$ は斉次方程式の素解である．$y(t)$ は次の方程式をみたす．

$$\frac{\mathrm{d}y}{\mathrm{d}t}=\Phi(t,t_0)^{-1}f(t)=\Phi(t_0,t)f(t)$$

これと初期条件 $y(t_0)=\eta$ から

$$y(t)=\eta+\int_{t_0}^{t}\Phi(t_0,s)f(s)\mathrm{d}s$$

$$\therefore\quad x(t)=\Phi(t,t_0)\eta+\int_{t_0}^{t}\Phi(t,s)f(s)\mathrm{d}s \tag{2.43}$$

定理 2.5　初期値問題(2.42)の解は(2.43)で与えられる．　□

素解 $\Phi(t,s)$ の具体形を求めるのは，変数係数の場合には一般に困難であるが，1次独立な特解が n 個見つかっている場合には，基本行列 $X(t)$ を用いて $\Phi(t,s)=X(t)X(s)^{-1}$ と表わされることは命題2.2で述べた．簡単のため，$n=2$ とすると，

$$\Phi(t,s)=\frac{1}{W(s)}\begin{pmatrix}x_1{}^1(t) & x_1{}^2(t)\\ x_2{}^1(t) & x_2{}^2(t)\end{pmatrix}\begin{pmatrix}x_2{}^2(s) & -x_1{}^2(s)\\ -x_2{}^1(s) & x_1{}^1(s)\end{pmatrix} \tag{2.44}$$

$$W(s)=x_1{}^1(s)x_2{}^2(s)-x_1{}^2(s)x_2{}^1(s)$$

(d)　高階方程式

単独の高階微分方程式

$$\frac{\mathrm{d}^m x}{\mathrm{d}t^m}+a_1(t)\frac{\mathrm{d}^{m-1}x}{\mathrm{d}t^{m-1}}+\cdots+a_m(t)x=0 \tag{2.45}$$

は

$$y(t)=\begin{pmatrix}y_1(t)\\ \vdots\\ y_m(t)\end{pmatrix},\qquad A(t)=\begin{pmatrix}0 & 1 & & O\\ & \ddots & \ddots & \\ O & & 0 & 1\\ -a_m(t) & \cdots & & -a_1(t)\end{pmatrix}$$

とおくことにより，正規形

$$\frac{\mathrm{d}y}{\mathrm{d}t}=A(t)y \tag{2.46}$$

に帰着できる(ただし $x(t)=y_1(t)$)．したがって，本節でこれまでに述べたことは(2.45)にもそのまま適用できる．例えば $x^1(t), x^2(t), \cdots, x^m(t)$ を(2.45)の m 個の解とすると，そのロンスキアンは次式で与えられる．

$$W(t) = \begin{vmatrix} x^1(t) & \cdots & x^m(t) \\ \dfrac{\mathrm{d}}{\mathrm{d}t}x^1(t) & & \dfrac{\mathrm{d}}{\mathrm{d}t}x^m(t) \\ \vdots & & \vdots \\ \dfrac{\mathrm{d}^{m-1}}{\mathrm{d}t^{m-1}}x^1(t) & \cdots & \dfrac{\mathrm{d}^{m-1}}{\mathrm{d}t^{m-1}}x^m(t) \end{vmatrix} \tag{2.47}$$

命題2.3より，次が成り立つ．

$$\frac{\mathrm{d}}{\mathrm{d}t}W(t) = -a_1(t)W \tag{2.48}$$

例2.17　方程式 $\ddot{x}+k(t)x=0$ の解 $x(t), y(t)$ が与えられたとき，そのロンスキアン

$$W(t) = x(t)\dot{y}(t)-\dot{x}(t)y(t)$$

は定数である．これは(2.48)からただちにわかる．とくに，ある t_0 に対して

$$x(t_0)=1, \quad \dot{x}(t_0)=0, \quad y(t_0)=0, \quad \dot{y}(t_0)=1$$

となるように $x(t), y(t)$ を選んでおくと $W(t)\equiv 1$．よって，(2.44)より

$$\Phi(t,s) = \begin{pmatrix} x(t) & y(t) \\ \dot{x}(t) & \dot{y}(t) \end{pmatrix}\begin{pmatrix} \dot{y}(s) & -y(s) \\ -\dot{x}(s) & x(s) \end{pmatrix} \tag{2.49}$$

これと公式(2.43)から，初期値問題

$$\begin{cases} \ddot{z}+k(t)z = g(t) \\ z(t_0) = a, \quad \dot{z}(t_0) = b \end{cases}$$

の解は次式で与えられることがわかる．

$$\begin{aligned} z(t) &= ax(t)+by(t)+\int_{t_0}^{t}\{x(s)y(t)-x(t)y(s)\}g(s)\,\mathrm{d}s \\ &= \left\{a-\int_{t_0}^{t}y(s)g(s)\,\mathrm{d}s\right\}x(t)+\left\{b+\int_{t_0}^{t}x(s)g(s)\,\mathrm{d}s\right\}y(t) \end{aligned}$$

□

注意2.4　斉次方程式 $\ddot{x}+k(t)x=0$ の0以外の特解がひとつでも見つかれば，他の解は§1.2(h)の方法で計算できるので，(2.49)から $\Phi(t,s)$ が求まる．

演習問題

2.1　k を 0 でない定数とするとき，常微分方程式

$$\ddot{x}+k^2x=g(t)$$

の特解のひとつが

$$x(t)=\frac{1}{k}\int_0^t\{\sin k(t-s)\}g(s)\,\mathrm{d}s$$

で与えられることを演算子法によって導け．

2.2　常微分方程式

$$\ddot{x}-2a\dot{x}+b^2x=0$$

(ただし a, b は正の定数で $a\neq b$)の 1 次独立な二つの解

$$\mathrm{e}^{\lambda_1 t},\quad \frac{1}{\lambda_2-\lambda_1}(\mathrm{e}^{\lambda_2 t}-\mathrm{e}^{\lambda_1 t})$$

(ただし $\lambda_1=a+\sqrt{a^2-b^2}$, $\lambda_2=a-\sqrt{a^2-b^2}$) は，$b\to a$ としたとき常微分方程式

$$\ddot{x}-2a\dot{x}+a^2x=0$$

の 1 次独立な二つの解に収束することを示せ．

2.3　強制振動をともなう振動方程式

$$\ddot{x}+k^2x=\sin\omega t\qquad(\omega, k \text{ は正の定数})$$

において，$k\neq\omega$ の場合の解で，$\omega\to k$ としたとき $\ddot{x}+k^2x=\sin kt$ の解に収束するものを見つけよ．

2.4　c, ω を 0 でない定数とし，

$$x(t)=\cos t+c\cos\omega t,\qquad y(t)=\sin t+c\sin\omega t$$

とおく．

(1)　$\mathbf{R}^2$ 値関数 $(x(t), y(t))$ がみたす定数係数の線形微分方程式を見出せ．

(2)　c, ω の値をいろいろと変えて，$(x(t), y(t))$ が定める xy 平面上の曲線をいくつか描いてみよ．

(3)　ω が有理数であれば $(x(t), y(t))$ は t の周期関数であり，ω が無理数であれば周期関数にはならないことを示せ．後者の場合には，曲線の様子はどうなるか．

2.5　図 2.4 のように 2 本のバネで壁面につながれた 2 個の物体の運動を考える．それぞれの物体の質量を m_1, m_2 とし，それぞれのバネのバネ定数を κ_1, κ_2 とおく．二つのバネがともに自然長の状態にあるときの両物体の位置を基準として，時刻 t

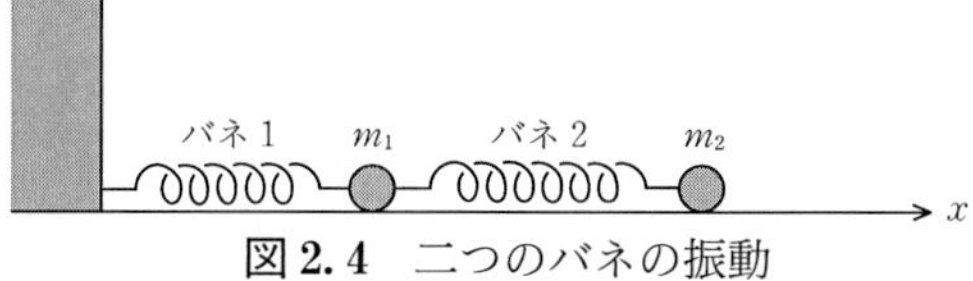

図 2.4 二つのバネの振動

における物体 1 および物体 2 の，それぞれの基準位置からの変位を $y_1(t), y_2(t)$ とおく．摩擦や空気抵抗などによるエネルギーの散逸がないとすると，y_1, y_2 は次の運動方程式をみたす．

$$\begin{cases} \ddot{y}_1 = -(a+b)y_1 + by_2 \\ \ddot{y}_2 = cy_1 - cy_2 \end{cases}$$

ここで $a=\kappa_1/m_1$, $b=\kappa_2/m_1$, $c=\kappa_2/m_2$ は正の定数である．以下のことを示せ．

(1) 微分作用素 $\mathrm{d}/\mathrm{d}t$ を D と書くことにすると，

$$\{D^4+(a+b+c)D^2+ac\}y_1 = 0$$

が成り立つ．

(2)

$$\alpha = \sqrt{\frac{a+b+c+\sqrt{(a+b+c)^2-4ac}}{2}}$$

$$\beta = \sqrt{\frac{a+b+c-\sqrt{(a+b+c)^2-4ac}}{2}}$$

とおく．α/β が有理数のとき解は t の周期関数になる．一方，α/β が無理数のときは解は一般に周期関数にならない．

2.6 X を $n\times n$ 定数行列とし，X の成分の絶対値の最大値を M とおく．

(1) X^k $(k=1,2,\cdots)$ の成分の絶対値の最大値は $n^{k-1}M^k$ 以下であることを示せ．

(2)

$$\sum_{k=1}^{\infty}\frac{1}{k!}n^{k-1}M^k = \frac{1}{n}(\mathrm{e}^{nM}-1) < \infty$$

であることを利用して，級数

$$I+\frac{1}{1!}X+\frac{1}{2!}X^2+\cdots+\frac{1}{k!}X^k+\cdots$$

が成分ごとに絶対収束することを示せ．[注意：行列のノルムを用いて上の級数の収束を示すこともできる．これを確かめよ．]

2.7 A を $n\times n$ 定数行列とする．極限値

$$\lim_{m\to\infty}\left(I+\frac{t}{m}A\right)^m$$

が存在することを仮定して，これを $Y(t)$ とおく．

$$\dot{Y}(t) = AY(t), \quad Y(0) = I$$

が成り立つことを示し，これから $Y(t)=\mathrm{e}^{tA}$ を導け．

2.8　A を $n\times n$ 定数行列とする．初期値問題 $\dot{x}=Ax$, $x(0)=\eta$ に逐次近似法

$$\begin{cases} x_0(t) = \eta \\ x_{k+1}(t) = \eta+\displaystyle\int_0^t Ax_k(s)\,\mathrm{d}s \qquad (k=0,1,2,\cdots) \end{cases}$$

を適用したときに得られる近似解 $x_k(t)$ を求めよ．また，$k\to\infty$ のとき $x_k(t)$ が真の解に収束することを確かめよ．

2.9　A を $n\times n$ 定数行列とする．初期値問題 $\dot{x}=Ax$, $x(0)=\eta$ の Euler 差分近似解((1.55)参照)が真の解に収束することを，問題 2.7 の結果を用いて示せ．

2.10

(1)　常微分方程式

$$\ddot{x}+a(t)x=0 \qquad \left(\text{ただし } a(t)=\frac{8}{(\mathrm{e}^t+\mathrm{e}^{-t})^2}-1\right)$$

の特解のひとつが $2/(\mathrm{e}^t+\mathrm{e}^{-t})$ で与えられることを利用して，一般解を求めよ．

(2)　非斉次方程式 $\ddot{x}+a(t)x=g(t)$ の一般解を求めよ．

2.11　$n\times n$ 行列値関数 $A(t)$ は t を固定するごとに交代行列である，すなわち $A(t)^{\mathrm{T}}=-A(t)$ が成り立つとする．このとき，微分方程式系 $\dot{x}=A(t)x$ の素解 $\Phi(t,s)$ は直交行列になることを証明せよ．

第3章

定性的理論

微分方程式には，求積法(§1.2参照)で解を求められないものが多い．平たく言えば，解は存在するのに，その解の具体形を表示する公式が原理的に存在し得ないものが，微分方程式全体の中では圧倒的多数派を占める．この事実は19世紀末ごろから次第に深刻に受けとめられるようになり，そうした認識を背景に，微分方程式の**定性的理論**(qualitative theory)と呼ばれる新しい方法論が生まれた．

微分方程式の定性的理論は，初期値問題の解が長時間スケールでどのようにふるまうかを，主として非定量的な側面から解き明かすことを主眼にしている．例えば，$t \to \infty$ のとき解は平衡点や周期軌道に近づくのか，それとももっと複雑な運動をするのか．また，そうした運動は安定であるのかどうか，あるいは何らかの意味で再現性があるのかどうか，等々．

定性的理論の特色は，微分方程式の解についての情報を，解曲線が織りなす‘図形’の幾何学的性質の中に求める点にある．そこにおいては，個々の解の動きを追うことよりも，初期値をいろいろと変えたときに得られる解全体の様子を大域的(global)な視点からとらえる姿勢が強調される．大域的な視点をもつことで，全体の中での個々の位置づけも，より鮮明に見えてくることが多い．

微分方程式の定性的理論は19世紀末にフランスの数学者H. Poincaré(ポアンカレ)によって導入され，A. M. Lyapunov(リヤプノフ)やG. D. Birkhoff(バーコフ)らの手を経て，今世紀にはいって飛躍的に発展した．本章では，簡単な例を通して定性的理論の基本的な考え方を学ぶことをめざす．

§3.1　相図

D を空間 $\mathbf{R}^n$ 内の領域とし，f を D 上で定義された $\mathbf{R}^n$ 値関数とする．D の中に値をもつ未知関数 $x(t)$ に対する**自励的**微分方程式(§1.3(a)参照)

$$\frac{\mathrm{d}x}{\mathrm{d}t} = f(x) \tag{3.1}$$

を考える．(3.1)の解曲線の全体を D の上に描き込んだものを，この方程式の**相図**(phase portrait)または**相空間図**と呼ぶ．D が平面領域である場合は，**相平面図**ともいう(注意1.3参照)．

微分方程式の初期値問題の解のふるまいを大域的な視点から把握する上で，相図が大変役立つことは§1.5で述べた．領域 D の次元が高くなれば，相図を実際に描くことは難しくなるが，大ざっぱな概念図のようなものでも有益な情報を提供してくれることは少なくない．とはいえ，解の具体形がわからない微分方程式の相図を描くのは，決してたやすいことではない．断片的な情報を拾い集め，それらをつなげていって相図の全体像を推測する作業が必要になる．

(a)　相図の描き方

相図を描く初期段階では，平衡点の位置や性質に関する情報が大いに役に立つ．ここで**平衡点**とは，(3.1)の解で t によらないもの，すなわち $f(x)=0$ をみたす点のことをいう．例えば，§1.5の例1.13と例1.14で扱った振り子の運動の場合，相図はそれぞれ図3.1(a)，(b)のようになる．これらの図から見てとれるように，平衡点は相図全体の中で要(かなめ)石のような役割を果たしており，平衡点がどこに位置していてどのような性質をもっているかが，相図の全体像を大きく左右する．そこで，相図を描く際には，まず以下のポイントを押さえておくと，以後の作業が進めやすい．

(1)　方向場(§1.3(a)参照)の大ざっぱな概形を描く．

(2)　平衡点を探す．

(3)　各平衡点のまわりでの解曲線の様子を詳細に調べる．

次節§3.2と§3.3で述べるように，上記(3)の作業は，基本的には行列の固

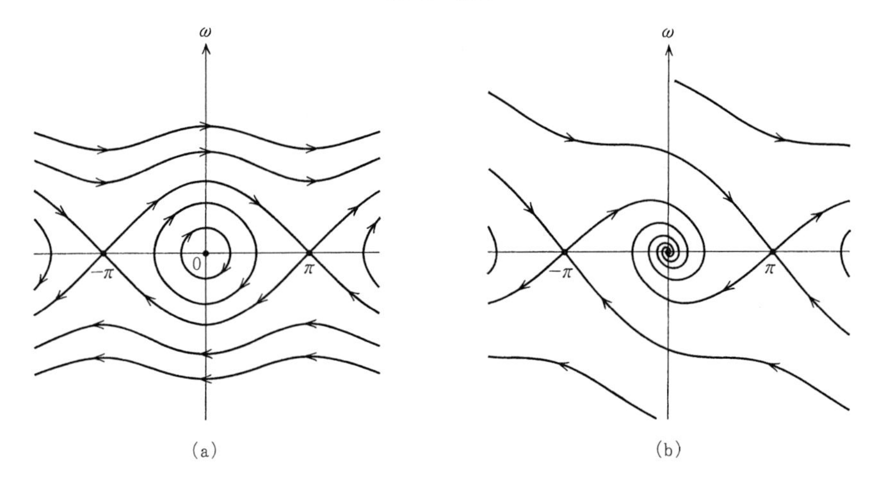

図 3.1　単振子の運動：(a) 摩擦のない場合，(b) 摩擦のある場合

有値問題に帰着する．(ただし，固有値問題を解くだけでは十分な情報が得られないケースもある．注意 3.3 参照．)

上記(3)で得られた局所的(local)な情報と(1)の粗い大域的(global)な情報を組み合わせると，扱う方程式によっては相図の全体像がはっきり浮かび上がる場合もある(例 3.6)．しかし普通はこれだけで正確な相図を描くのは困難で，大域的な情報をさらに拾い集める必要がある．

ひとくちに大域的な情報といっても，何がその手がかりを与えてくれるかは問題ごとに異なり，大域的な情報を見出すための統一的な手法は存在しない．与えられた方程式の個性に応じて，いろいろと戦略を変える必要がある．ここではとりあえず，一般的な注意として，以下の 2 点を掲げておこう．

(4)　保存量を探す．

(5)　Lyapunov 関数が存在しないか調べる．

D 上で定義された関数 $H(x)$ が方程式(3.1)の**保存量**(または**不変量**)であるとは，(3.1)のどのような解 $x(t)$ に対しても，$H(x(t))$ が t によらない一定の値になることをいう．保存量のことを**積分**とも呼ぶ．例 1.13 においては，振り子の力学的エネルギー $H(\theta, \omega)$ が保存量であったが，方程式によっては保存量が数多く存在することもある．もし方程式(3.1)が保存量 H をもてば，各解曲線は H の等高面(D が 2 次元領域の場合では等高線)の中に閉じ込められるから，解曲線の形状についての有力な手がかりが得られる(例1.13および例1.16の(1))．

上記(5)で述べたLyapunov関数の定義は，§1.5(c)および§3.6(c)で与えた．Lyapunov関数が存在する方程式は，何らかの意味でエネルギーの散逸をともなう現象を記述している場合が多い．§3.6(c)の一般論で述べるように，Lyapunov関数が存在する方程式の解のふるまいについては多くのことがわかっているので，相図を描く際の有力な手がかりが得られる．

なお，相図を描く際には，相異なる解曲線どうしが決して交わらないことに留意しなければならない(命題3.3，3.4参照)．

(b) 相図から何を読みとるか

いくら精細な相図を描いても，それが定性的解析に結びつかなければ，単なる紋様にすぎない．与えられた相図から的確な情報を読み取り，解析の次なるステップに役立てるためには，微分方程式の定性的理論についての基礎知識をしっかり身につけておく必要がある．

相図から何が読み取れるか，ごく基本的なポイントを掲げよう．

(1) **漸近挙動**：長時間経過後の解のふるまいについて，相図はしばしば多くを物語る．例えば，$t\to\infty$ (または $t\to-\infty$)のとき解は平衡点に近づくのか(図1.15，図1.16(b)，(c))，次第に周期運動をするのか(図1.11)，あるいは2重周期運動に近づくのか(例3.12)，それとももっと複雑な運動をするのか(付録3)，等々．

(2) **安定性**：観察している平衡状態や周期運動が‘安定’(注意3.1と定義3.1参照)かどうかを相図から読み取ることができる．例えば，図3.1において平衡点 $(0,0)$ は安定であり，$(\pi,0)$ や $(-\pi,0)$ は不安定である．

(3) **セパラトリクス**(分離線)：解の漸近挙動は，初期値がセパラトリクス(§3.4(c)参照)のどちら側に位置するかで大きく変化する．相図の中でのセパラトリクスのおおよその位置をつかむことは，地図の中に分水嶺を描き込む作業にも似て，貴重な大域的情報を提供してくれる．

(4) 解の**分岐**：方程式が何らかのパラメータ(環境変数)に依存している場合，そのパラメータの値を少しずつ変えていくと，ある臨界値を越えたところで突如，解の漸近挙動に質的な変化が生ずることがある．(例えば，それまで安定であった平衡点が安定性を失い，かわりに別の場所に安定平衡点が現れたり，周期解が出現したり，等々．）こうした現象は，解の‘分岐’と呼ばれる(付録2参照)．分岐現象は相図に構造的変化を引き起こすので，異なるパラメータ値に対する相図を比較すれば，分岐の様子をはっきり捉えることができる．

(5) **構造安定性**：方程式の中の係数をわずかに変えたり，小さな項をつけ加えたりすることを方程式に微小な‘摂動’を加えるという．例えば，方程式 $\dot{x}=f(x)$ に対し，勝手な関数 $g(x)$ を選んで方程式 $\dot{x}=f(x)+\varepsilon g(x)$ を考えれば，これは，ε が十分小さな数である限り，もとの方程式に微小な摂動を加えたものである．方程式にさまざまな微小な摂動を加えても相図の全体構造が本質的な影響を受けないとき，この方程式は**構造安定**であるという．(ここで，二つの相図が同じ構造をもつとは，適当な座標変換——線形とは限らない——を通して両者が同一視できることをいう．）

自然現象を微分方程式で記述する際，通常さまざまな理想化や単純化がなされるので，得られた微分方程式は近似的にしか成立しない場合が多い．構造安定性の概念は，そのような数理モデルの信頼性を評価する上での重要な指標となる．なお，方程式が構造安定でないときは，摂動の加え方によっては解の分岐(ないしそれに類した現象)が観測される．与えられた方程式の相図を描くだけでなく，そこにさまざまな摂動を加えてみて，得られる相図を比較すれば，その方程式が記述する現象の本質がより深い観点から理解できるであろう(下の図式参照)．

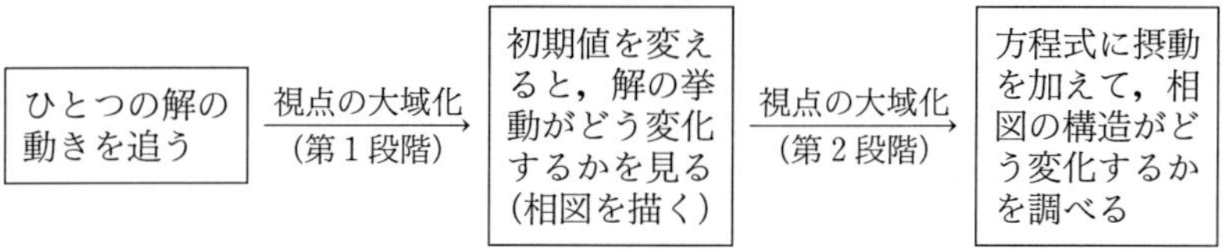

ひとつの解の動きを追う	視点の大域化 (第1段階) →	初期値を変えると，解の挙動がどう変化するかを見る(相図を描く)	視点の大域化 (第2段階) →	方程式に摂動を加えて，相図の構造がどう変化するかを調べる

注意3.1　初期値に多少の摂動を加えても挙動が大きく変化しない解を**安定**な解という．解の安定性は，上の図式の中では，視点の大域化の第1段階に関わる概念である．これに対し，方程式の構造安定性は第2段階で現れる概念であり，両者は区別する必要がある．

§3.2　線形系のふるまい

前節(a)で述べたように，平衡点の性質を調べることは，相図の全体像を明らかにする上での重要なステップとなる．平衡点の解析は，線形系の解析を基本としているので，本節ではまず線形系の解曲線のふるまいについて考察し，次節で一般の平衡点の性質を論じる．

A を $n\times n$ 定数行列として，線形系

$$\frac{\mathrm{d}x}{\mathrm{d}t} = Ax \tag{3.2}$$

を考える．§2.3 で見たように，初期条件

$$x(0) = x_0$$

をみたす(3.2)の解は

$$x(t) = \mathrm{e}^{tA}x_0$$

で与えられる．原点は(3.2)の平衡点である．

(a)　2次元線形系の分類(対角化可能の場合)

以下しばらく $n=2$ の場合を扱う．まず，行列 A が対角化可能な場合を考える．A の固有値を λ, μ とし，対応する固有ベクトルをそれぞれ $\boldsymbol{p}, \boldsymbol{q}$ とおく．

(1)　λ, μ が実数の場合

§2.3 の定理 2.4 より，方程式(3.2)の一般解は次の形に書ける．

$$x(t) = c_1\mathrm{e}^{\lambda t}\boldsymbol{p}+c_2\mathrm{e}^{\mu t}\boldsymbol{q} \tag{3.3}$$

いま，ベクトル $\boldsymbol{p}, \boldsymbol{q}$ が座標軸方向の単位ベクトルとなるような座標系を平面上に導入しよう(図3.2)．得られた座標軸をそれぞれ u 軸，v 軸とおく．(3.3)より，解 $x(t)$ の u 成分と v 成分はそれぞれ

$$u(t) = c_1\mathrm{e}^{\lambda t}, \quad v(t) = c_2\mathrm{e}^{\mu t}$$

と表わされ，$\mu\neq 0$ であれば両者の間には

$$u(t) = 定数\times|v(t)|^{\lambda/\mu}$$

という関係式が成り立つ．これが，新座標系で解曲線を表示する式になっている．$\mu=0$, $\lambda\neq 0$ のときは解曲線は‘$v=$定数’という直線になり，$\mu=\lambda=0$ のと

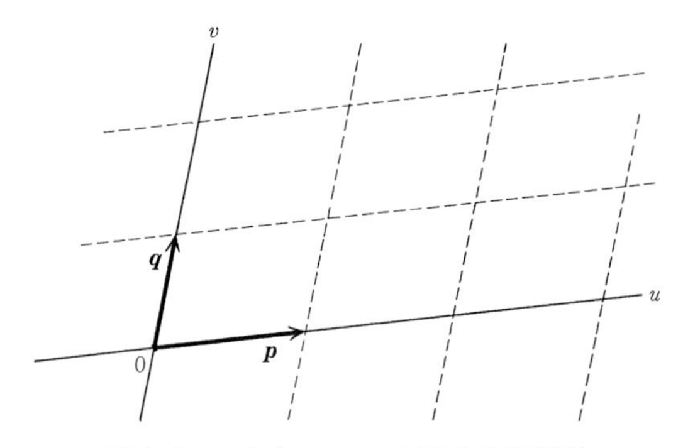

図 3.2 ベクトル $\boldsymbol{p}, \boldsymbol{q}$ の定める座標系

きは，各解曲線は1点に縮退していることも容易にわかる．

これらの結果を用いて解曲線を平面上に描き，得られた相図を整理すると，図 3.3 のように分類される．(図 3.3 では $\lambda \geqq \mu$ の場合だけを掲げてあるが，u 軸と v 軸を入れ替えれば $\lambda \leqq \mu$ の場合の図が得られるのは明らかである．)

λ, μ がいずれも負のとき((a), (b)の場合)平衡点(すなわち原点)は**安定結節点**と呼ばれ，λ, μ が異符号のとき((e)の場合)は**鞍点**，λ, μ がいずれも正のとき((g), (h)の場合)は**不安定結節点**と呼ばれる．

(2) λ, μ が虚数の場合

$\boldsymbol{p}, \boldsymbol{q}$ は実ベクトルにはならないので，平面 $\mathbf{R}^2$ 内に $\boldsymbol{p}, \boldsymbol{q}$ に平行な座標軸はとれない．そこで，まず λ と $\boldsymbol{p}$ を実部と虚部に分解して

$$\lambda = \alpha + \mathrm{i}\beta, \qquad \boldsymbol{p} = \hat{\boldsymbol{p}} + \mathrm{i}\hat{\boldsymbol{q}}$$

と表わす．A が実行列であることから $\mu = \bar{\lambda}$, $\boldsymbol{q} = \bar{\boldsymbol{p}}$ が成り立つ．また，Euler の公式より

$$\mathrm{e}^{\lambda t} = \mathrm{e}^{\alpha t}(\cos \beta t + \mathrm{i} \sin \beta t)$$

が成立する．これらを(3.3)に代入すると

$$x(t) = \mathrm{e}^{\alpha t}\{(c \cos \beta t + \tilde{c} \sin \beta t)\hat{\boldsymbol{p}} + (-c \sin \beta t + \tilde{c} \cos \beta t)\hat{\boldsymbol{q}}\}$$
$$(c = c_1 + c_2 \text{ および } \tilde{c} = \mathrm{i}(c_1 - c_2) \text{ は任意定数})$$

が得られる．言いかえれば，ベクトル $\hat{\boldsymbol{p}}, \hat{\boldsymbol{q}}$ が定める平面上の座標系において

$$\mathrm{e}^{tA} = \mathrm{e}^{\alpha t}\begin{pmatrix} \cos \beta t & \sin \beta t \\ -\sin \beta t & \cos \beta t \end{pmatrix} \tag{3.4}$$

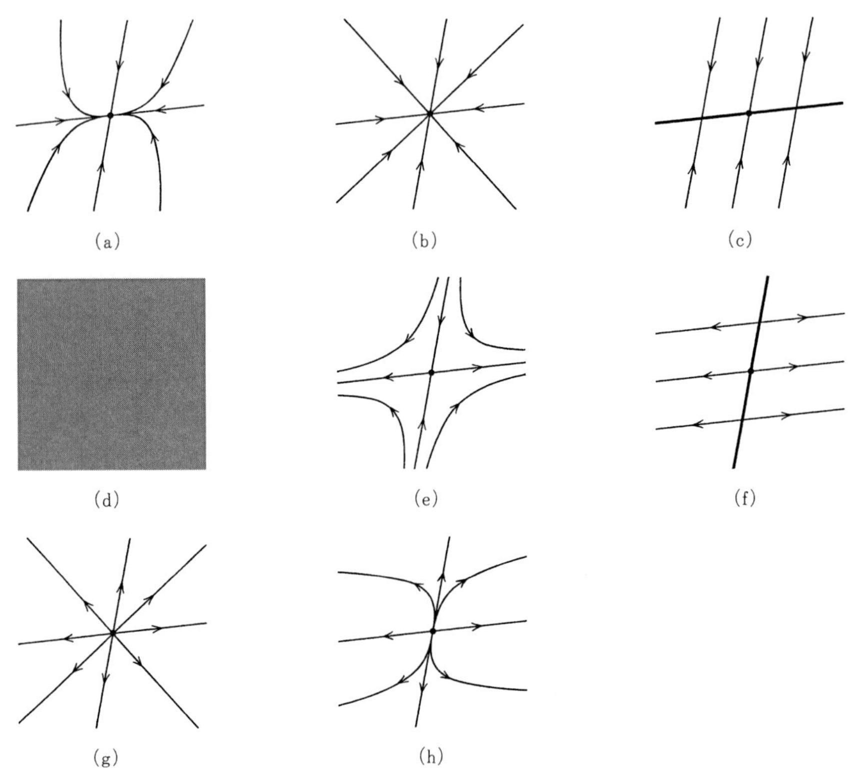

図3.3 線形系のふるまい：(a) $0>\lambda>\mu$(安定結節点)，(b) $0>\lambda=\mu$(安定結節点)，(c) $0=\lambda>\mu$，(d) $\lambda=\mu=0$(いたるところ平衡点)，(e) $\lambda>0>\mu$(鞍点)，(f) $\lambda>0=\mu$，(g) $\lambda=\mu>0$(不安定結節点)，(h) $\lambda>\mu>0$(不安定結節点)

という行列表現が成り立つ．なお，この行列表現は，関係式

$$(\widehat{\boldsymbol{p}}, \widehat{\boldsymbol{q}})^{-1}A(\widehat{\boldsymbol{p}}, \widehat{\boldsymbol{q}}) = \begin{pmatrix} \alpha & \beta \\ -\beta & \alpha \end{pmatrix}$$

と(2.25)から導くことも可能である．

さて(3.4)は，一定の角速度 $-\beta$ による回転と，$e^{\alpha t}$ を乗ずるスカラー倍を合成したものであるから，解曲線の様子は図3.4のようになる．ただし，回転の方向は β の符号および $\widehat{\boldsymbol{p}}, \widehat{\boldsymbol{q}}$ の位置関係によって定まる．

(i)の場合，平衡点(すなわち原点)は**安定渦状点**であるといい，(j)の場合は**渦心点**，(k)の場合は**不安定渦状点**であるという．ところで，$\widehat{p}\widehat{q}$ 座標系に対す

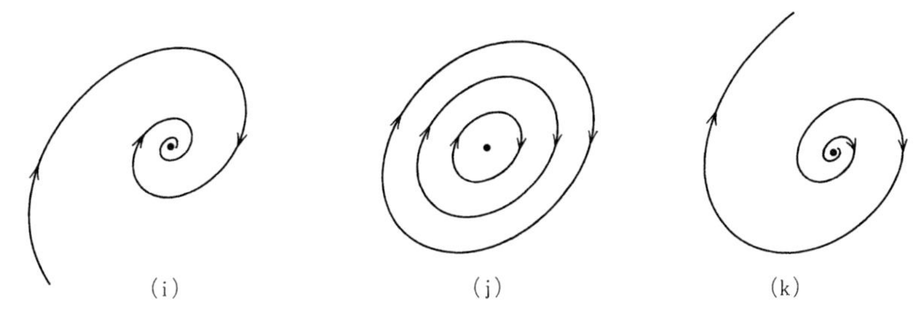

図3.4　線形系のふるまい(複素固有値の場合)：(i) Re $\lambda<0$(安定渦状点), (j) Re $\lambda=0$(渦心点), (k) Re $\lambda>0$(不安定渦状点)

る極座標表示 (ρ, θ) を用いると，上で得られた解曲線は

$$\rho = k\exp\left(\frac{\alpha}{\beta}\theta\right) \qquad (k\text{ は正の任意定数})$$

と表示されるから，(i)，(k)に図示した曲線は**対数らせん**であることがわかる．

(b)　2次元線形系の分類(対角化不能の場合)

2×2 行列 A が対角化不能であるのは，A の固有方程式

$$\det(\lambda I - A) = 0$$

が重根をもち，かつ $A\neq\lambda I$ である場合に限る．このとき，固有方程式の根 λ は A の唯一の固有値となる．$\boldsymbol{p}$ を λ に属する A の固有ベクトル，$\boldsymbol{q}$ を一般固有ベクトルとする((2.26)参照)．必要ならば $\boldsymbol{q}$ をその適当な定数倍で置き換えることにより，

$$(A-\lambda I)\boldsymbol{q} = \boldsymbol{p}$$

が成り立つと仮定してよい．(2.31)と同様の計算により，一般解は

$$\begin{aligned} x(t) &= c_1 e^{tA}\boldsymbol{p} + c_2 e^{tA}\boldsymbol{q} \\ &= c_1 e^{\lambda t}\boldsymbol{p} + c_2 e^{\lambda t}\{\boldsymbol{q} + t(A-\lambda I)\boldsymbol{q}\} \\ &= e^{\lambda t}\{(c_1 + c_2 t)\boldsymbol{p} + c_2\boldsymbol{q}\} \end{aligned}$$

と表わされる．解の p 成分 $u(t)=e^{\lambda t}(c_1+c_2t)$ と q 成分 $v(t)=c_2e^{\lambda t}$ の間には，$\lambda\neq0$ のとき

$$u(t) = \left(c + \frac{1}{\lambda}\log|v(t)|\right)v(t) \qquad (c\text{ は任意定数})$$

という関係式が成立する．$\lambda=0$ のときには解曲線は，‘$v=$定数’ という直線に

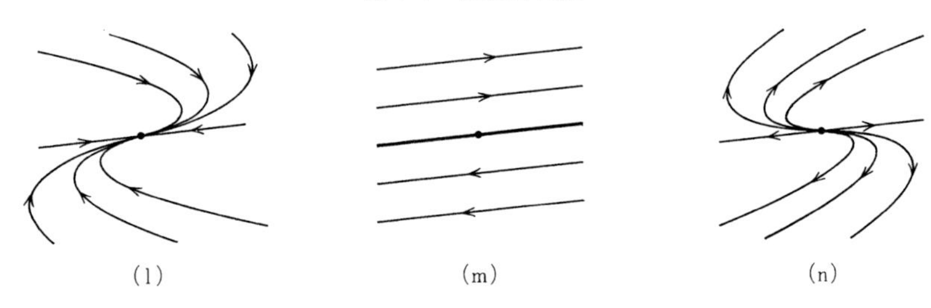

図 3.5　線形系のふるまい(対角化不能の場合)：(l) $\lambda<0$(安定結節点), (m) $\lambda=0$, (n) $\lambda>0$(不安定結節点)

なる．これらを用いて原点のまわりの解曲線を表示すると図 3.5 のようになる．

なお，行列 A の対角化可能性のいかんにかかわらず，固有値の実部がすべて負のとき原点は**沈点**(sink)であるといい(図 3.3〜3.5 の(a)，(b)，(i)，(l))，固有値の実部がすべて正のとき原点は**湧点**(source)であるという(図 3.3〜3.5 の(g)，(h)，(k)，(n))．

例 3.1 (摩擦のあるバネの運動再説)　例 2.8 で扱ったバネの問題(図 2.2)の相図がどうなるか調べてみよう．運動方程式

$$\ddot{x}+2a\dot{x}+bx=0 \tag{3.5}$$

を正規形に直すと係数行列は

$$A=\begin{pmatrix} 0 & 1 \\ -b & -2a \end{pmatrix}$$

となり，その固有方程式 $\lambda^2+2a\lambda+b=0$ の 2 根は

$$\lambda=-a\pm\sqrt{d} \qquad (\text{ただし } d=a^2-b)$$

で与えられる．

(1)　$d>0$ のとき，2 根は相異なる負の実数である．よって相図は図 3.3(a)のようになる．

(2)　$d=0$ のとき，固有方程式は負の重根をもつ．しかも $A\neq\lambda I$ であるから，A は対角化不能である．よって相図は図 3.5(l)のようになる．

(3)　$d<0$ のとき，2 根は虚数で負の実部をもつから，相図は図 3.4(i)のようになる．

より正確な相図を書くためには，(1)，(2)の場合は固有ベクトルの方向を，(3)の場合は回転の方向を調べる必要がある．(1)，(2)では $\lambda=-a+\sqrt{d}$ に属する

固有ベクトルは

$$\boldsymbol{p} = \begin{pmatrix} 1 \\ \lambda \end{pmatrix}$$

であり，ほとんどすべての解曲線が($d=0$ の場合はすべての解曲線が) $\boldsymbol{p}$ で張られる直線に接するようにしながら原点に近づく．一方，(3)の場合は回転の方向は時計回りになる(演習問題 3.1 参照)．

さて，(1)と(3)の場合に対応する(3.5)の解 $x(t)$ のグラフはそれぞれ図 3.6 の(a), (b)のようになる．(b)においてはバネは振動を続けるが，その振幅は次第に 0 に近づく．これを**減衰振動**という．一方，(a)の場合は摩擦の効果が大きいため，バネは振動することなく静止状態に近づく．　□

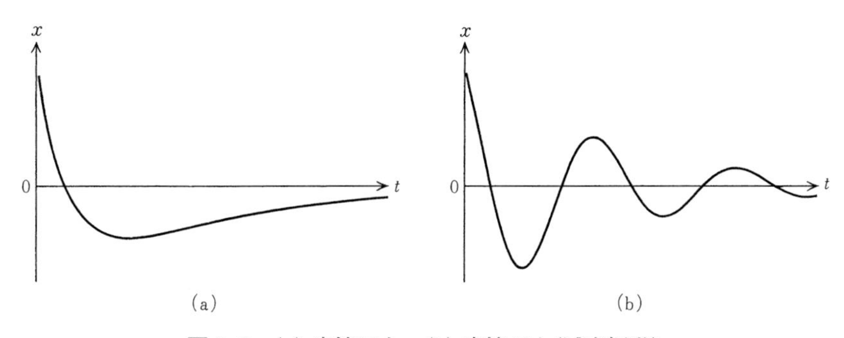

図 3.6　(a) 摩擦が大，(b) 摩擦が小(減衰振動)

(c)　一般の線形系における原点の安定性

線形微分方程式(3.2)において，原点が**安定**であるとは，適当な定数 $M \geqq 1$ が存在して

$$|x(t)| \leqq M|x(0)| \qquad (0 \leqq t < \infty)$$

が(3.2)のすべての解に対して成立することをいう．原点が**不安定**であるとは，安定でない，すなわち

$$\limsup_{t\to\infty} |x(t)|/|x(0)| = \infty$$

をみたすような(3.2)の解が少なくともひとつ存在することをいう．原点が**漸近安定**であるとは，安定であって，かつ

$$\lim_{t\to\infty} x(t) = 0$$

が(3.2)のすべての解に対して成り立つことをいう．

一般の非線形系の平衡点の安定性(Lyapunov の意味での安定性)の定義は§3.3で与える．これは，線形系に対しては上で与えた定義と同値になる．

さて，図3.3〜3.5の各場合について原点の安定性を調べると，以下のようになる．

安定なもの：(a), (b), (c), (d), (i), (j), (l)

漸近安定なもの：(a), (b), (i), (l)

不安定なもの：(e), (f), (g), (h), (k), (m), (n)

上の事実を一般化して次の定理が得られる．

定理3.1 行列 A の各固有値の実部がすべて負であれば，線形系(3.2)において原点は漸近安定である．これに対し，A の固有値の中に実部が正のものがひとつでも存在すれば原点は不安定である．

［証明の概略］ まず，$n=2$ の場合を考える．本節(a), (b)で見たように，方程式(3.2)の一般解は，A が対角化可能のとき

$$x(t) = c_1 \mathrm{e}^{\lambda t}\boldsymbol{p} + c_2 \mathrm{e}^{\mu t}\boldsymbol{q}$$

と書け，A が対角化不能のとき

$$x(t) = \mathrm{e}^{\lambda t}\{(c_1 + c_2 t)\boldsymbol{p} + c_2\boldsymbol{q}\}$$

と書ける．前者の場合，$a=|c_1\boldsymbol{p}|$, $b=|c_2\boldsymbol{q}|$ とおくと

$$|x(t)| \leqq a|\mathrm{e}^{\lambda t}| + b|\mathrm{e}^{\mu t}| = a\mathrm{e}^{\mathrm{Re}(\lambda)t} + b\mathrm{e}^{\mathrm{Re}(\mu)t}$$

という評価が得られ，後者の場合，$a=|c_1\boldsymbol{p}+c_2\boldsymbol{q}|$, $b=|c_2\boldsymbol{p}|$ とおくと

$$|x(t)| \leqq (a+bt)|\mathrm{e}^{\lambda t}| = (a+bt)\mathrm{e}^{\mathrm{Re}(\lambda)t}$$

という評価が得られる．これから，$\mathrm{Re}(\lambda)<0$, $\mathrm{Re}(\mu)<0$ であれば原点が漸近安定であることがただちに従う．次に，$\mathrm{Re}(\lambda)>0$ を仮定する．$c_1 \neq 0$, $c_2=0$ を代入すると，

$$|x(t)| = |c_1|\mathrm{e}^{\mathrm{Re}(\lambda)t}$$

が成り立つので，この特解は $|x(t)|\to\infty$ $(t\to\infty)$ をみたす．よって原点は不安定である．

n が一般の場合の証明は，e^{tA} の射影分解(2.31)を用いて，上と同じように議

論すればよい． ∎

§3.3　平衡点の分類と安定性

(a)　線形化方程式

一般の微分方程式系に話を戻そう．$\bar{x}$ を(3.1)の平衡点，すなわち

$$f(\bar{x}) = 0$$

をみたす点とする．f が微分可能であることから

$$f(\bar{x}+y) = f(\bar{x})+f'(\bar{x})y+r(y) = f'(\bar{x})y+r(y)$$
$$(\text{ただし } r(y) = o(|y|))$$

が成り立つ．ここで‘$r(y)=o(|y|)$’とは，

$$r(y)/|y| \to 0 \qquad (y \to 0)$$

が成り立つことをいう．また，$f'(\bar{x})$ は点 $\bar{x}$ における f の微分を表わす．周知のように，ベクトル値関数

$$f(x) = \begin{pmatrix} f_1(x_1, \cdots, x_n) \\ \vdots \\ f_n(x_1, \cdots, x_n) \end{pmatrix}$$

の‘微分’とは，微分行列

$$\begin{pmatrix} \partial f_1/\partial x_1 & \cdots & \partial f_1/\partial x_n \\ \vdots & & \vdots \\ \partial f_n/\partial x_1 & \cdots & \partial f_n/\partial x_n \end{pmatrix} \tag{3.6}$$

で表わされる $\mathbf{R}^n$ 上の線形変換にほかならない．いま，新たな未知関数

$$y(t) = x(t) - \bar{x}$$

を導入し，これを(3.1)に代入すると

$$\frac{\mathrm{d}y}{\mathrm{d}t} = f'(\bar{x})y+r(y) \tag{3.7}$$

が得られる．(3.7)は(3.1)と同値な方程式であるが，平衡点 $x=\bar{x}$ は原点 $y=0$ に移されている．(3.7)において高次項 $r(y)$ を無視して得られる線形系

$$\frac{\mathrm{d}y}{\mathrm{d}t} = f'(\bar{x})y \tag{3.8}$$

を，(3.1)を平衡点 $\bar{x}$ において**線形化**した方程式，あるいは単に，(3.1)の**線形**

化方程式(linearized equation)と呼ぶ.

(b) 線形系の構造安定性

さて,高次項 $r(y)$ は $y\to 0$ のとき急速に小さくなるから,原点 $y=0$ の近くで考える限り,(3.7)は線形系(3.8)に微小な摂動を加えたものと見なせる.このことから,もし(3.8)が何らかの意味で'構造安定'であれば,(3.7)と(3.8)の相図は原点付近では似通った構造をしていると期待される(§3.1(b)参照).

では,どのような線形系が'構造安定'で,どのような線形系が'構造安定'でないのか? この問題をまともに議論するのは難しいが,方程式に加える摂動を線形のものに限れば,'構造安定性'の判定は容易であり,そこから重要なヒントが得られる.そこで,以下では,線形系(3.2)に線形の摂動を加えると相図がどう変化するかを調べよう.B を勝手な定数行列,ε を小さな実数として,線形系

$$\frac{\mathrm{d}x}{\mathrm{d}t}=Ax+\varepsilon Bx \tag{3.9}$$

を考える.簡単のため,$n=2$ とする.よく知られているように,$\varepsilon\to 0$ のとき行列 $A+\varepsilon B$ の各固有値は行列 A の固有値に収束する.行列 B のとり方をいろいろと変えると,固有値の摂動のされ方もさまざまに変化する.

これらの事実を踏まえて,(3.2)と(3.9)の相図の関係を調べると以下のようになる.

(a) → (a)	(b) → (a), (b), (i)	(c) → (a), (c), (e)
(d) → (a)〜(n)	(e) → (e)	(f) → (e), (f), (h)
(g) → (g), (h), (k)	(h) → (h)	(i) → (i)
(j) → (i), (j), (k)	(k) → (k)	(l) → (a), (l)
(m) → (a), (c), (f), (h), (l), (m), (n)		(n) → (k), (n)

ここで,(a)〜(n)は図3.3〜3.5で与えた分類を表わす.矢印の左側は(3.2)の相図のタイプを示し,右側は ε が十分小さいときの(3.9)の相図のタイプで可能なものをすべて示してある.

上の表から,(a), (e), (h), (i), (k)は線形の摂動に関して構造安定で,これら以外は構造不安定であることがわかる.次に,分類をやや大まかにして,沈

点のグループ{(a), (b), (i), (l)}および湧点のグループ{(g), (h), (k), (n)}をそれぞれ(A), (H)で表わそう．すると，グループ(A)のどのタイプを摂動しても再びグループ(A)に属し，グループ(H)に対しても同様のことが成り立つ．よって，(A)および(H)は，いずれも線形摂動に関して(ゆるい意味で)構造安定であるといえる．

(c) 2次元系の平衡点の分類

以上の考察から，(3.8)が(a), (e), (h), (i), (k)のいずれかのタイプであれば，原点 $y=0$ の近くでは，方程式(3.7)の相図は線形化方程式(3.8)の相図と同じような構造をしているであろうと期待される．また，(3.8)が上に述べた(A)のグループまたは(H)のグループに属すれば，(3.7)の相図も原点付近においては同様の特性を有する——すなわち，前者では $t\to\infty$ のときに，後者では $t\to-\infty$ のときに，原点付近のすべての解曲線が原点に引き込まれる——ことが期待される．

無論，(3.8)に線形の摂動を加えるのと高次項の摂動を加えるのでは事情が違うから，議論は慎重に進める必要がある．しかし結論から述べれば上の推測は正しい．そればかりでなく，実際はもう少し強いことがいえる．すなわち，線形摂動の場合は結節点(b), (g)(図3.3)が渦状点(i), (k)(図3.4)に変化し得たのに対し，高次項による摂動ではこのようなことは起こらず，結節点の構造が原点付近では保持される．これらの点をもう少し詳しく調べてみよう．

簡単のため，$f'(\bar{x})$ は対角化可能とする．$f'(\bar{x})$ の固有値を λ, μ とし，対応する固有ベクトルを $\boldsymbol{p}, \boldsymbol{q}$ とおく．(3.7)の解 $y(t)$ を

$$y(t) = u(t)\boldsymbol{p}+v(t)\boldsymbol{q} \tag{3.10}$$

と表わすと，スカラー関数 u, v は次の微分方程式系の解となる．

$$\begin{cases} \dot{u} = \lambda u+R_1(u, v) \\ \dot{v} = \mu v+R_2(u, v) \end{cases} \tag{3.11}$$

ここで，R_1, R_2 は高次項，すなわち

$$R_1(u, v) = o(\sqrt{u^2+v^2}), \quad R_2(u, v) = o(\sqrt{u^2+v^2})$$

をみたす関数である．もし $f(x)$ が C^2 級ならば

$$R_1(u, v) = O(u^2+v^2), \quad R_2(u, v) = O(u^2+v^2) \tag{3.12}$$

が成り立つ．以下(3.12)を仮定する．

(1) $\lambda, \mu<0$ のとき

線形化方程式は図3.3の(a)または(b)のタイプになる．さて，uv 平面に極座標を導入して $u=\rho\cos\theta$, $v=\rho\sin\theta$ と表示し，$a=\min\{-\lambda, -\mu\}$ とおく．

$$\dot{\rho} = \frac{1}{\rho}(u\dot{u}+v\dot{v}) = \frac{1}{\rho}(\lambda u^2+\mu v^2+uR_1+vR_2)$$

$$\leqq -a\rho+\frac{1}{\rho}(uR_1+vR_2) = -a\rho+O(\rho^2)$$

であるから，適当な定数 $K>0$ が存在して原点付近で

$$\dot{\rho} \leqq -a\rho+K\rho^2$$

が成り立つ．このことから，$0<\rho<a/K$ ならば上式は

$$\dot{\rho}\left(\frac{1}{\rho}+\frac{1}{(a/K)-\rho}\right) \leqq -a$$

と変形できる．この両辺を積分して整理すると

$$0 < \rho(t) \leqq \frac{\rho(0)\,\mathrm{e}^{-at}}{1-(K/a)\,\rho(0)(1-\mathrm{e}^{-at})} = O(\mathrm{e}^{-at}) \qquad (3.13)$$

が得られる．したがって，原点の十分近くに初期値をもつ(3.11)の解は，$t\to\infty$ のとき原点に**指数的**に(すなわち指数関数のオーダーで)引き寄せられる．

次に回転方向の動きを調べよう．まず $\mu=\lambda$ のときは

$$\dot{\theta} = \frac{u\dot{v}-\dot{u}v}{u^2+v^2} = \frac{uR_2-vR_1}{u^2+v^2} = O(\rho) = O(\mathrm{e}^{-at})$$

となるから，$\dot{\theta}(t)$ は区間 $0\leqq t<\infty$ で積分可能である．よって

$$\lim_{t\to\infty}\theta(t) = \theta(0)+\int_0^\infty \dot{\theta}(t)\,\mathrm{d}t$$

の値は確定する．しかも，(3.13)より

$$\sup_{t\geqq 0}|\theta(t)-\theta(0)| \leqq \int_0^\infty |\dot{\theta}(t)|\,\mathrm{d}t \leqq C\int_0^\infty \rho(t)\,\mathrm{d}t$$

$$\leqq \frac{C}{K}\log\frac{1}{1-(K/a)\,\rho(0)}$$

(ただし C は正の定数)なる評価が得られるので，回転の総量は初期値が原点に近づくにつれ，いくらでも小さく押さえられることがわかる．よって，この場合の原点付近の相図は図3.7(b)のようになる．

次に $0>\lambda>\mu$ の場合を考えよう．$w=v^{\lambda/\mu}$ なる変数変換を行なうと(3.11)は

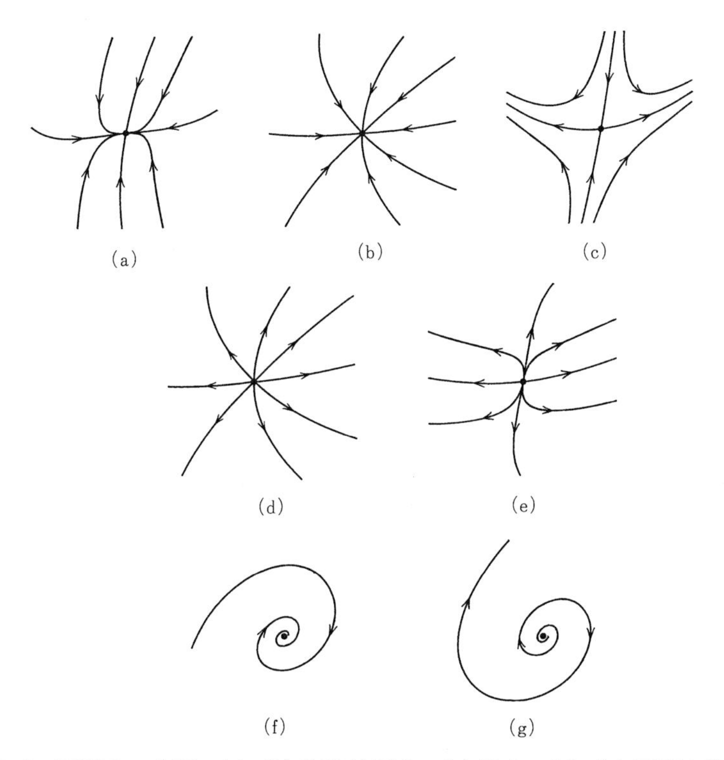

図 3.7 平衡点の分類：(a), (b) 安定結節点，(c) 鞍点，(d), (e) 不安定結節点，(f) 安定渦状点，(g) 不安定渦状点

$$\begin{cases} \dot{u} = \lambda u + O(u^2+v^2) = \lambda u + O(u^2+w^2) \\ \dot{w} = \lambda w + O(u^2+vw) = \lambda w + O(u^2+w^2) \end{cases}$$

と書き替えられるから($v=o(w)$ に注意)，上で扱った $\lambda=\mu$ の場合に帰着する．よって原点付近での相図の様子は uw 平面上では図 3.7(b)のようになる．これをもとの座標系に戻せば，(3.1)の相図の平衡点 $\bar{x}$ の付近での概観が図 3.7(a)のようになることがわかる．なお，$0>\mu>\lambda$ の場合はベクトル $\boldsymbol{p}, \boldsymbol{q}$ を入れ替えて同様に議論すればよい．

相図の様子が図 3.7 の(a)や(b)のようになる平衡点を**安定結節点**と呼ぶ．

(2) $\lambda, \mu>0$ のとき

線形化方程式は図 3.3 の(g)または(h)のタイプになる．さて関数 $u_*(t)=$

$u(-t)$, $v_*(t)=v(-t)$ は，微分方程式

$$\begin{cases} \dot{u}_* = -\lambda u_* - R_1(u_*, v_*) \\ \dot{v}_* = -\mu v_* - R_2(u_*, v_*) \end{cases}$$

をみたす．すなわち，時間の向きを逆転すれば，(1)の場合に帰着する．よって平衡点 $\bar{x}$ の付近での相図の概観は図 3.7(d), (e)のようになる．このような平衡点 $\bar{x}$ を**不安定結節点**と呼ぶ．

(3)　λ, μ が異符号の実数であるとき

$\lambda>0>\mu$ として一般性を失わない．線形化方程式は図 3.3 の(e)のタイプになる．証明は省くが，高次項の摂動を加えても平衡点付近の相図の概観は保たれ，図 3.7(c)のようになることが示される．このような平衡点を**鞍点**と呼ぶ．

なお，$t\to\infty$ のとき原点に引き込まれる解曲線は原点において $\boldsymbol{q}$ 軸に接し，$t\to-\infty$ のとき原点に引き込まれる解曲線は $\boldsymbol{p}$ 軸に接することも証明できる(図 3.8)．この事実の一般化は定理 3.3 で与える．

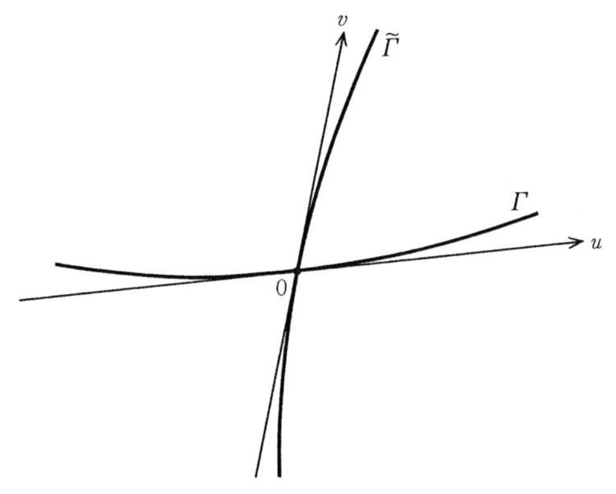

図 3.8　曲線 Γ 上の解は原点から遠ざかり，$\tilde{\Gamma}$ 上の解は原点に近づく．

(4)　λ, μ が虚数のとき

線形化方程式は図 3.4 の(i)または(k)のタイプになる．これらの場合も，平衡点付近での相図の概観は高次項の摂動によって影響を受けない．実際，線形系でやったのと同様に

$$\lambda = \alpha+\mathrm{i}\beta, \qquad \boldsymbol{p} = \hat{\boldsymbol{p}}+\mathrm{i}\hat{\boldsymbol{q}}$$

と実部・虚部に分解し，(3.7)の解を

$$y(t) = u(t)\,\hat{\boldsymbol{p}} + v(t)\,\hat{\boldsymbol{q}}$$

と表わすと，u, v は方程式

$$\begin{cases} \dot{u} = \alpha u + \beta v + R_1(u, v) \\ \dot{v} = -\beta u + \alpha v + R_2(u, v) \end{cases}$$

$$R_1(u, v) = O(u^2+v^2), \quad R_2(u, v) = O(u^2+v^2)$$

を満足する．u, v を極座標表示して

$$u = \rho\cos\theta, \quad v = \rho\sin\theta \qquad (\text{ただし } \rho = \sqrt{u^2+v^2})$$

とおくと，

$$\dot{\rho} = \frac{1}{\rho}(u\dot{u} + v\dot{v}) = \alpha\rho + \frac{1}{\rho}(uR_1 + vR_2) = \alpha\rho + O(\rho^2)$$

したがって，(1), (2) の場合と同様に以下が示される．

(i) $\alpha < 0$ の場合，原点の十分近くから出発した解は $t \to \infty$ のとき原点に指数的に近づく．

(ii) $\alpha > 0$ の場合，原点の十分近くから出発した解は $t \to -\infty$ のとき原点に指数的に近づく．

一方，θ 方向の動きを見ると，

$$\dot{\theta} = \frac{u\dot{v} - \dot{u}v}{u^2+v^2} = -\beta + \frac{uR_2 - vR_1}{u^2+v^2}$$

であるから，$u, v \to 0$ のとき $\dot{\theta} \to -\beta$ となる．すなわち，原点の近くの解は原点のまわりをほぼ一定の角速度 $-\beta$ で回り続ける．(ただし‘角速度’は uv 座標系で測ったものである．) これから，原点の近くでの軌道の様子は α の符号に応じて図3.7(f) または (g) のようになる．(f) の場合，平衡点 $\bar{x}$ は**安定渦状点**であるといい，(g) の場合，$\bar{x}$ は**不安定渦状点**であるという．

注意 3.2　$t \to \infty$ のとき ($t \to -\infty$ のとき) 周囲の解曲線を指数的に引き寄せる平衡点を**沈点**(**湧点**) と呼ぶ．図3.7の (a), (b), (f) は沈点，(d), (e), (g) は湧点である．

(d) 安定性の判定

解の‘安定性’の意味を注意3.1で大ざっぱに解説したが，以下，平衡点の場合について安定性の正確な定義を述べよう．

定義 3.1　$\bar{x}$ を微分方程式 (3.1) の平衡点とする．

(i)　$\bar{x}$ が**安定**(stable)であるとは，どんなに小さな正の数 ε を与えても，正の数 δ を十分小さく選ぶと

$$|x(t) - \bar{x}| < \varepsilon \qquad (\forall\, t \geqq 0)$$

が $|x(0) - \bar{x}| < \delta$ をみたす(3.1)の任意の解 $x(t)$ に対して成り立つようにできることをいう．

(ii)　$\bar{x}$ が**不安定**(unstable)であるとは，それが安定でないことをいう．

(iii)　$\bar{x}$ が**漸近安定**(asymptotically stable)であるとは，$\bar{x}$ が安定で，かつ $\delta_0 > 0$ を適当に選べば

$$\lim_{t \to \infty} x(t) = \bar{x}$$

が $|x(0) - \bar{x}| < \delta_0$ をみたす(3.1)の任意の解 $x(t)$ に対して成り立つようにできることをいう．　□

上で定義した安定性の概念は，**Lyapunov の意味での安定性**とも呼ばれ，長時間スケールでの系のふるまいを論ずるときに非常に役立つ概念である．平たく言えば，平衡点の近くから出発した解は $t \to \infty$ のときずっと同じ平衡点の近くにとどまる，というのが安定性の意味するところである．なお，線形系に対しては，この安定性の概念と§3.2(c)で述べたものとは同値である．

図3.7の相図から容易に見てとれるように，(a), (b), (f)の場合は平衡点は安定であり，(c), (d), (e), (g)の場合は不安定である．この事実は次のように一般化できる．

定理3.2　$\bar{x}$ を微分方程式(3.1)の平衡点とし，$f'(\bar{x})$ の固有値の実部の最大値を $\lambda_{\max}$ とおく．

(i)　$\lambda_{\max} < 0$ ならば $\bar{x}$ は漸近安定である．しかも，正の定数 a, C が存在して，$\bar{x}$ の十分近くから出発した任意の解 $x(t)$ に対して次の評価式が成り立つ．

$$|x(t) - \bar{x}| \leqq C\mathrm{e}^{-at}|x(0) - \bar{x}| \qquad (\forall\, t \geqq 0) \tag{3.14}$$

(ii)　$\lambda_{\max} > 0$ ならば $\bar{x}$ は不安定である．

[証明の概略]　簡単のため，$f'(\bar{x})$ が対角化可能で固有値がすべて実数である場合を考える．$f'(\bar{x})$ の固有値を大きいものから順に並べて $\lambda_1 \geqq \lambda_2 \geqq \cdots \geqq \lambda_n$ とし，対応する固有ベクトルを $\boldsymbol{p}_1, \boldsymbol{p}_2, \cdots, \boldsymbol{p}_n$ とする．(3.7)の解を

$$y(t) = u_1(t)\boldsymbol{p}_1 + \cdots + u_n(t)\boldsymbol{p}_n$$

と表わし，

$$\rho = \sqrt{u_1{}^2 + \cdots + u_n{}^2}$$

とおく．各 $u_j(t)$ $(j=1, 2, \cdots, n)$ は微分方程式

$$\dot{u}_j = \lambda_j u_j + R_j(u_1, \cdots, u_n) \qquad (\text{ただし } R_j = o(\rho))$$

をみたす．これより以下の評価式が得られる．

$$\dot{\rho} \leqq \lambda_{\max}\rho + o(\rho)$$

定理の主張(i)はこの評価式からただちに従う．

次に(ii)を示す．まず，

$$\lambda_{\max} = \lambda_1 = \lambda_2 = \cdots = \lambda_k > \lambda_{k+1} \geqq \cdots \geqq \lambda_n$$

が成り立つように k を定めて $\lambda = \max\{\lambda_{k+1}, 0\}$ とおく．ただし $k=n$ の場合は $\lambda=0$ とする．すると，関数

$$w = u_1{}^2 + \cdots + u_k{}^2 - u_{k+1}{}^2 - \cdots - u_n{}^2$$

は次の評価式をみたす．

$$\begin{aligned} \dot{w} &\geqq 2\lambda_{\max}(u_1{}^2 + \cdots + u_k{}^2) - 2\lambda(u_{k+1}{}^2 + \cdots + u_n{}^2) + o(\rho^2) \\ &= (\lambda_{\max} + \lambda)w + (\lambda_{\max} - \lambda)\rho^2 + o(\rho^2) \end{aligned}$$

ここで $\lambda_{\max} - \lambda > 0$ だから，定数 $\delta > 0$ を十分小さくとっておくと，$\rho < \delta$ のとき

$$\dot{w} \geqq (\lambda_{\max} + \lambda)w$$

が成り立つ．したがって，$w(0) > 0$ であれば，$w(t)$ は($\rho(t) < \delta$ である限り)指数的に増大する．このことと $\rho \geqq w$ から，$w(0) > 0$ をみたす(3.7)の任意の解 $y(t)$ に対して

$$\sup_{t \geqq 0} \rho(t) \geqq \delta$$

が成り立つことがわかる．よって(3.7)において原点は不安定である．■

定理3.2の証明の中で用いた関数 ρ や w(正確には $-w$)は，原点の近くでLyapunov関数(§3.6(c)参照)になっている(図3.9)．このように，Lyapunov関数を構成して平衡点の安定性を論ずる手法はしばしば用いられる．

$\lambda_{\max} < 0$ $(\lambda_{\max} > 0)$ をみたす平衡点を**線形安定**(**線形不安定**)な平衡点と呼ぶことがある．また，評価式(3.14)が成り立つものを**指数安定**な平衡点という．これらの間には以下の関係がある．

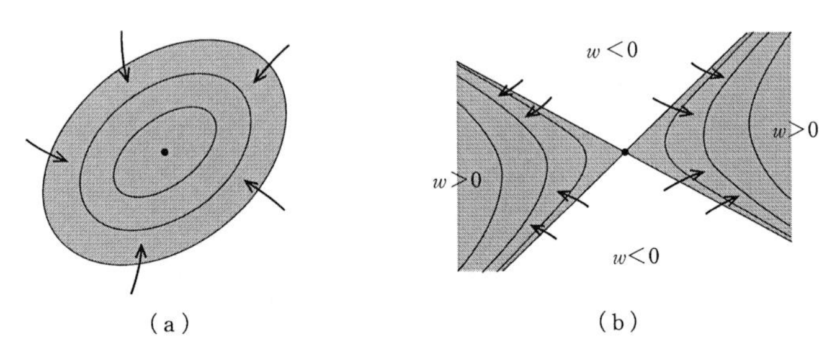

図 3.9 平衡点のまわりの解のふるまい：影をつけた部分の曲線族は Lyapunov 関数 ρ や $-w$ の等高線を表わす．(a) $\lambda_{\max}<0$, (b) $\lambda_{\max}>0$

$$\text{線形安定} \ (\lambda_{\max} < 0) \Longleftrightarrow \text{指数安定}$$
$$\Longrightarrow \text{漸近安定} \Longrightarrow \text{安定} \Longrightarrow \lambda_{\max} \leqq 0$$

最初の $\Longleftrightarrow$ は，$\Rightarrow$ の部分が定理 3.2(i)から従い，$\Leftarrow$ は定理 3.2(ii)と定理 3.4 を用いて証明できる．

注意 3.3 $\lambda_{\max}=0$ のとき平衡点は‘中立安定’であるという．この場合は線形化方程式の情報だけでは安定性が判定できない．例えば，方程式 $\dot{x}=-x^3$ と $\dot{x}=x^3$ においては，平衡点 $x=0$ における線形化方程式がいずれも $\dot{y}=0$ であるが，前者においては原点 0 は漸近安定であるのに対して，後者では 0 は不安定である．$\lambda_{\max}=0$ の場合の安定性の判定法としてよく知られているものに，Lyapunov 関数を用いる方法(§3.6(c))と，中心多様体を用いる方法がある(§3.4(e))．なお，高次元の Hamilton 系(§1.5(b)，§3.7)に対してはこうした方法はあまり役に立たないので，別の工夫が必要となる．

§3.4 安定多様体

(a) 安定集合と不安定集合

方程式(3.1)の解で初期条件 $x(0)=\eta$ をみたすものを，以下

$$x(t\,;\eta) \tag{3.15}$$

と書くことにする．(3.1)の平衡点 $\bar{x}$ に対し，集合

$$W^s(\bar{x}) = \{\eta \in D \mid \lim_{t\to\infty} x(t\,;\eta)=\bar{x}\}$$
$$W^u(\bar{x}) = \{\eta \in D \mid \lim_{t\to-\infty} x(t\,;\eta)=\bar{x}\}$$

を，それぞれ $\bar{x}$ の**安定集合**(stable set)および**不安定集合**(unstable set)と呼

ぶ．とくに $W^s(\bar{x})$ や $W^u(\bar{x})$ が曲面や曲線のような‘多様体’の構造をもつ場合(例えば，$\bar{x}$ が双曲型平衡点(§3.3(d)参照)であるときなど)，これらは**安定多様体**および**不安定多様体**と呼ばれる．点 $\bar{x}$ 自身は $W^s(\bar{x})$ にも $W^u(\bar{x})$ にも常に含まれる．前節で行なった考察から，空間次元が2のときには次の命題が成り立つことがわかる．

命題3.1　$n=2$ であるとする．

(i)　$\bar{x}$ が沈点であれば，$W^s(\bar{x})$ は $\bar{x}$ の近くの点をすべて含む．一方，$W^u(\bar{x})=\{\bar{x}\}$ である．

(ii)　$\bar{x}$ が湧点であれば，$W^s(\bar{x})=\{\bar{x}\}$ である．一方，$W^u(\bar{x})$ は $\bar{x}$ の近くの点をすべて含む．

(iii)　$\bar{x}$ が鞍点であれば，$W^s(\bar{x})$ も $W^u(\bar{x})$ も点 $\bar{x}$ の近傍では滑らかな曲線になる．点 $\bar{x}$ におけるそれらの曲線の接線は，前者は $f'(\bar{x})$ の負の固有値に属する固有ベクトルに平行であり，後者は正の固有値に属する固有ベクトルに平行である．(図3.8の例では $W^s(\bar{x})=\tilde{\Gamma}$，$W^u(\bar{x})=\Gamma$ となる．)　□

上の命題の高次元への拡張は定理3.3で与える．

例3.2　§1.5の例1.13で扱った単振子の方程式

$$\begin{cases} \dot{\theta} = \omega \\ \dot{\omega} = -a\sin\theta \end{cases}$$

の平衡点は $Q_k=(k\pi,0)$ (k は整数)である(図1.13，図3.1(a))．Q_k における線形化方程式の係数行列は

$$A=\begin{pmatrix} 0 & 1 \\ -(-1)^k a & 0 \end{pmatrix}$$

で与えられる．A の固有値は，

$$\begin{array}{ll} k\text{が奇数のとき} & \pm\sqrt{a} \\ k\text{が偶数のとき} & \pm\sqrt{a}\,\mathrm{i} \end{array}$$

となるので，k が奇数のときは Q_k は鞍点である．固有値 $\sqrt{a}, -\sqrt{a}$ に対応する固有ベクトルは，それぞれ

$$\boldsymbol{p}=\begin{pmatrix} 1 \\ \sqrt{a} \end{pmatrix}, \quad \boldsymbol{q}=\begin{pmatrix} 1 \\ -\sqrt{a} \end{pmatrix}$$

である．$W^s(Q_k)$ の点 Q_k における接線は $\boldsymbol{q}$ に平行で，$W^u(Q_k)$ の点 Q_k における接線は $\boldsymbol{p}$ に平行である(命題3.1(iii)参照)．一方，k が偶数の場合は，Q_k は線形安定でも線形不安定でもない．しかし図1.13から，Q_k が安定であることが見てとれる．また，$W^s(Q_k)=W^u(Q_k)=\{Q_k\}$ となることもわかる．□

例3.3　例1.14で扱った摩擦のある単振子の方程式

$$\begin{cases} \dot{\theta} = \omega \\ \dot{\omega} = -a\sin\theta - b\omega \end{cases}$$

の場合，平衡点は上と同じく $Q_k=(k\pi, 0)$ であり(図1.15，図3.1(b))，Q_k における線形化方程式の係数行列は

$$A = \begin{pmatrix} 0 & 1 \\ -(-1)^k a & -b \end{pmatrix}$$

となる．k が奇数のとき A の固有値は

$$\frac{-b\pm\sqrt{b^2+4a}}{2}$$

であるから Q_k は鞍点である．一方，k が偶数のとき A の固有値は

$$\frac{-b\pm\sqrt{b^2-4a}}{2}$$

であるので，例3.1と同様にして，$b^2-4a\geqq 0$ のとき Q_k は安定結節点となり，$b^2-4a<0$ のとき安定渦状点になることがわかる．後者の場合，振り子は減衰振動する．□

(b)　強安定集合

解曲線が平衡点に引き寄せられるとき，これが指数的な引き寄せであるか否かを区別しておくと便利なことがある．$t\to\infty$ のとき解 $x(t\,;\eta)$ が平衡点 $\bar{x}$ に**指数的に**引き寄せられるとは，適当な定数 $\alpha>0$ に対して

$$\lim_{t\to\infty} \mathrm{e}^{\alpha t}|x(t\,;\eta)-\bar{x}| = 0 \tag{3.16}$$

が成り立つことをいう．$t\to-\infty$ の場合は，

$$\lim_{t\to-\infty} \mathrm{e}^{-\alpha t}|x(t\,;\eta)-\bar{x}| = 0 \tag{3.17}$$

が成り立つことをいう．とくに $\bar{x}=0$ のときは，(3.16)を解の**指数的減衰**(exponential decay)と呼ぶこともある．集合

$$W^{ss}(\bar{x}) = \{\eta \in D \mid \text{ある正定数}\ \alpha\ \text{に対し}(3.16)\text{が成立}\}$$
$$W^{uu}(\bar{x}) = \{\eta \in D \mid \text{ある正定数}\ \alpha\ \text{に対し}(3.17)\text{が成立}\}$$

をそれぞれ $\bar{x}$ の**強安定集合**(strong stable set)および**強不安定集合**(strong unstable set)と呼ぶ．

命題3.1で取り扱った沈点，湧点，鞍点に対しては，$W^{ss}(\bar{x})=W^{s}(\bar{x})$, $W^{uu}(\bar{x})=W^{u}(\bar{x})$ が成り立つ．(したがって例3.2, 例3.3においても同様である．)

例3.4　次の微分方程式系を考える．

$$\dot{x} = -x, \qquad \dot{y} = \frac{y^2}{1+y^2}$$

一般解は初等解法で簡単に求まり，相図は図3.10のようになる．平衡点は原点のみである．各解が原点に近づく速さを調べると，次のことがわかる．

$$W^{ss}(0) = x\ \text{軸}, \quad W^{s}(0) = \text{下半平面}$$
$$W^{uu}(0) = \{0\}, \quad W^{u}(0) = y\ \text{軸の上半部}$$

下半平面から x 軸を除いた部分から出発した軌道(すなわち解曲線)は指数的に y 軸に引き寄せられ，その後，y 軸上の緩慢な動き――$1/t$ のオーダーの減衰――をなぞるようにしながら原点に近づく．　□

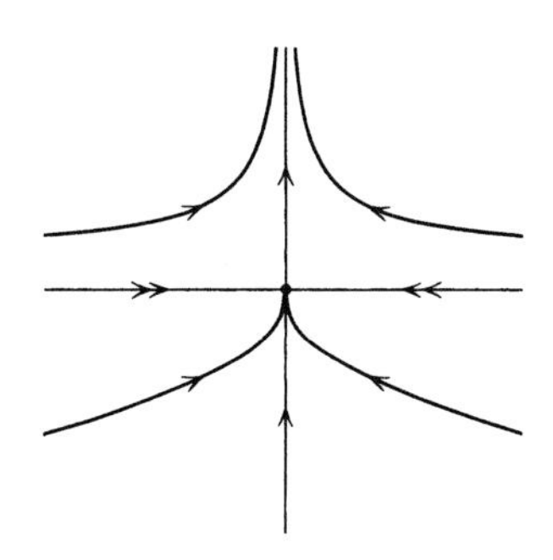

図3.10　2重矢印で描かれた解曲線は強安定集合を表わす．

例3.5　ε をパラメータとする方程式系

$$\begin{cases} \dot{x} = \varepsilon x - y - (x^2+y^2)x \\ \dot{y} = x + \varepsilon y - (x^2+y^2)y \end{cases}$$

を考える．これは，極座標 $x=r\cos\theta$, $y=r\sin\theta$ を用いて

$$\dot{r} = (\varepsilon - r^2)r, \quad \dot{\theta} = 1$$

と書き換えられる．容易にわかるように，$\varepsilon<0$ のとき原点は沈点，$\varepsilon>0$ のとき湧点である．$\varepsilon=0$ のときは，

$$r(t) = O(1/\sqrt{t})$$

が成り立つ．各場合における安定集合・不安定集合は以下のようになる．

$\varepsilon<0$ のとき　$W^s(0) = W^{ss}(0) = \mathbf{R}^2, \quad W^u(0) = W^{uu}(0) = \{0\}$

$\varepsilon=0$ のとき　$W^s(0) = \mathbf{R}^2, \quad W^{ss}(0) = W^u(0) = W^{uu}(0) = \{0\}$

$\varepsilon>0$ のとき　$W^s(0) = W^{ss}(0) = \{0\},$

$W^u(0) = W^{uu}(0) = \{(x, y) \in \mathbf{R}^2 \mid x^2+y^2<\varepsilon\}$ □

(c) セパラトリクス

$\bar{x}$ を2次元系における鞍点とすると，$W^s(\bar{x})\backslash\{\bar{x}\}$ はちょうど2本の解曲線からなる．これらの解曲線を**セパラトリクス**(separatrix)または**分離線**と呼ぶ．同様に，$W^u(\bar{x})\backslash\{\bar{x}\}$ を構成する2本の解曲線もセパラトリクスと呼ばれる．

例3.3において，平衡点 $Q_{-1}=(-\pi, 0)$ と $Q_1=(\pi, 0)$ を結ぶ上下2本の解曲線はいずれもセパラトリクスである．また，これらを 2π の整数倍だけ左右に平行移動したものも，すべて何らかの鞍点に対するセパラトリクスになっている．相図(図1.13, 図3.1(a))を眺めると，これらの曲線を境にして解の漸近挙動に大きな変化が生じているのがわかる．すなわち，上下のセパラトリクスで囲まれた領域内から出発した解は閉軌道を描くのに対し，その上側や下側から出発した解曲線は無限遠方まで伸びている．前者(閉軌道)は振り子の規則的な往復運動に対応し，後者は振り子が一定方向に回転している状態に対応する．

このように，相図の中でセパラトリクスがどういう配置にあるかを知ることは，解の漸近挙動を大域的に把握する上で重要なポイントとなる．

例3.6(競合する2種の生物の生態系)　同一の餌を求めて生存競争を続ける2種の生物がいるとして，時刻 t における個体数をそれぞれ $x(t), y(t)$ とする．(個体数は本来整数値をとるはずだが，その値が非常に大きい場合は，これらを連続な変化量として扱っても問題はない．) いま，x, y が次の微分方程式をみたすとする．

$$\begin{cases} \dot{x} = (K_1 - ax - by)x \\ \dot{y} = (K_2 - cx - dy)y \end{cases} \tag{3.18}$$

ここで，K_1, K_2, a, b, c, d はいずれも正の定数である．(3.18)は，数理生態学において“2種競合系”として知られる方程式の特別の場合である．係数 b, c の値が大きいほど，2種間の競合の度合いが大きいことを表わす．

さて，§3.1(a)で述べた手順に従って(3.18)の相図を描いてみよう．x, y は負の値をとることはないので，xy 平面の第I象限だけを見ればよい．以下では，2種間の競合が強い場合を考え，次の仮定をおく．

$$\frac{c}{a} > \frac{K_2}{K_1} > \frac{d}{b} \tag{3.19}$$

[Step 1]　方程式(3.18)の右辺を $f(x, y), g(x, y)$ とおき，図形 $f=0$ と図形 $g=0$ を作図する．これらはいずれも2本の直線からなる図形である．この図をもとに，f, g の符号変化を調べてベクトル場の非常に大ざっぱな概略図を描く(図3.11(a))．平衡点の位置(図形 $f=0$ と 図形 $g=0$ の共通部分)も図中にマークする．

[Step 2]　平衡点の座標は，簡単な計算から

$$\mathrm{O} = (0, 0), \quad \mathrm{A} = \left(\frac{K_1}{a}, 0\right), \quad \mathrm{B} = \left(0, \frac{K_2}{d}\right), \quad \mathrm{P} = (x^*, y^*)$$

$$\left(\text{ただし，} x^* = \frac{dK_1 - bK_2}{ad - bc}, \ y^* = \frac{aK_2 - cK_1}{ad - bc}\right)$$

となる．これらの平衡点の安定性を調べ，安定多様体や不安定多様体の伸びる方向を見出す．この情報は，各点 O, A, B, P における線形化方程式の係数行列

$$\begin{pmatrix} K_1 & 0 \\ 0 & K_2 \end{pmatrix}, \quad \begin{pmatrix} -K_1 & -\dfrac{b}{a}K_1 \\ 0 & K_2 - \dfrac{c}{a}K_1 \end{pmatrix}, \quad \begin{pmatrix} K_1 - \dfrac{b}{d}K_2 & 0 \\ -\dfrac{c}{d}K_2 & -K_2 \end{pmatrix}, \quad \begin{pmatrix} -ax^* & -bx^* \\ -cy^* & -dy^* \end{pmatrix}$$

の固有値と固有ベクトルの計算により得られる．点Oは不安定結節点，AとBは安定結節点，Pは鞍点である．

[Step 3]　Step 1で得られた方向場の粗い情報をもとに，各平衡点の安定多様体や不安定多様体を全体に伸ばしてゆく．その際，“相異なる解曲線どうしが交わらないように注意する”(命題3.3)．

上記の手順に従って相図の概形を描くと図3.11(b)のようになる．この図か

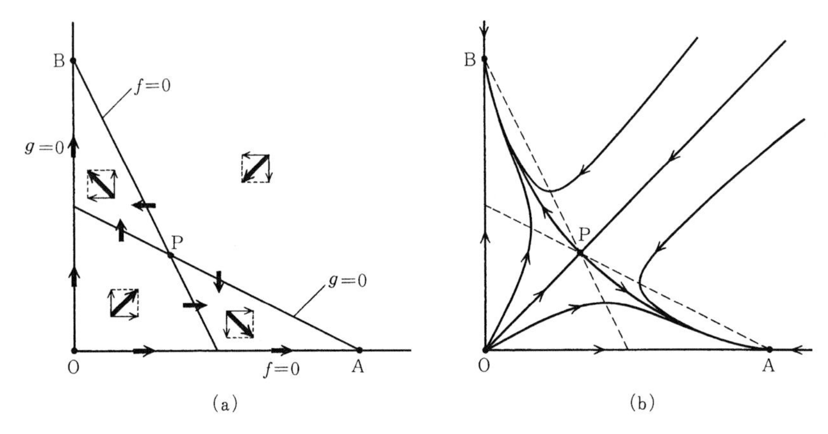

図3.11　方程式(3.18)の相図の描き方：(a) ベクトル場の概略図，(b) 相図．(a)はベクトル (f,g) が上・下・左・右・右上・右下・左上・左下のいずれを向いているかの情報を伝えるのが目的であり，ベクトルの大きさや方向を必ずしも正確に表わすものではない．

らわかるように，点Pの安定多様体(これは無論セパラトリクスである)から見て点Aと同じ側から出発した解はすべて $t\to\infty$ のとき点Aに収束し，点Bと同じ側から出発した解はすべて $t\to\infty$ のとき点Bに収束する．生態学の言葉に直せば，前者は一方の種が絶滅することを意味し，後者は他方の種が絶滅することを意味する．いずれの種が絶滅するかは，初期値が上記のセパラトリクスのどちら側に位置するかで決まる．　□

(d)　安定多様体と安定部分空間

命題3.1で2次元系に対して述べたことは，高次元の場合に拡張できる．いま，$\bar{x}$ を方程式(3.1)の平衡点としよう．$\mathbf{R}^n$ の部分空間 E^s, E^o, E^u を次のように定義する．

$E^s =$ $f'(\bar{x})$ の一般固有ベクトルの中で実部が負の固有値に属するもの全体で張られる空間

$E^o =$ $f'(\bar{x})$ の一般固有ベクトルの中で実部が0の固有値に属するもの全体で張られる空間

$E^u =$ $f'(\bar{x})$ の一般固有ベクトルの中で実部が正の固有値に属するもの全体で張られる空間

ただし，虚数の固有値に属する一般固有ベクトルの場合は，§3.2(a)の(2)でやったように実部と虚部に分け，それらで張られる空間を考えるものとする．さて(2.27)を利用して，直和分解

$$\mathbf{R}^n = E^s \oplus E^o \oplus E^u \tag{3.20}$$

が導かれる．ただし(2.27)と違って，関係式(3.20)には実ベクトルのみが現れることに注意しよう．E^s を平衡点 $\bar{x}$ における‘安定部分空間’，E^u を‘不安定部分空間’という．

例 3.7

$$A = \begin{pmatrix} \alpha & \beta & 0 \\ -\beta & \alpha & 0 \\ 0 & 0 & \lambda \end{pmatrix} \qquad (\text{ただし } \alpha < 0,\ \beta, \lambda > 0)$$

として線形系(3.2)を考える．すると原点において

$$E^s = \mathrm{span}\left\{\begin{pmatrix} 1 \\ 0 \\ 0 \end{pmatrix}, \begin{pmatrix} 0 \\ 1 \\ 0 \end{pmatrix}\right\}, \quad E^o = \{0\}, \quad E^u = \mathrm{span}\left\{\begin{pmatrix} 0 \\ 0 \\ 1 \end{pmatrix}\right\}$$

が成り立つ．ここで $\mathrm{span}\{p_1, p_2, \cdots, p_m\}$ はベクトル $p_1, p_2, \cdots, p_m$ で張られる線形空間を表わす．E^s は固有値 $\alpha \pm \mathrm{i}\beta$ に，E^u は固有値 λ に対応する．空間 $\mathbf{R}^3$ 内での解曲線の様子は図 3.12 のようになる．　□

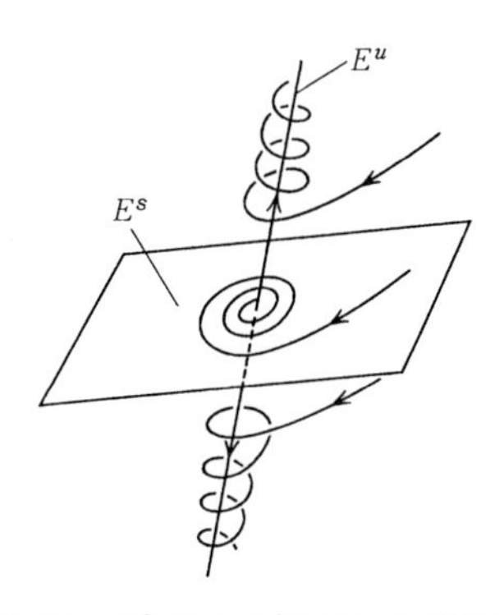

図 3.12　$\mathbf{R}^3$ 内での解の動き(例 3.7)

射影分解(2.31)から容易にわかるように，方程式が線形で $\bar{x}=0$ のときには，$W^{ss}(0)=E^s$, $W^{uu}(0)=E^u$ が成り立つ．(上の例でこれを確かめよ．)　E^s の上だけで見れば原点は沈点であり，E^u の上で見れば原点は湧点となる．一般

の非線形系に対しては次の定理が成り立つ．

定理 3.3　$\bar{x}$ を方程式(3.1)の平衡点とすると，$W^{ss}(\bar{x})$ および $W^{uu}(\bar{x})$ はいずれも点 $\bar{x}$ の近傍では滑らかな多様体であり，点 $\bar{x}$ におけるこれらの接空間(§1.3(d)参照)に対して

$$T_{\bar{x}}W^{ss}(\bar{x}) = E^s, \quad T_{\bar{x}}W^{uu}(\bar{x}) = E^u \tag{3.21}$$

が成り立つ．　□

上の定理は命題3.1の高次元系への拡張になっている．たとえば，例3.6の線形系に高次項の摂動を加えて得られる非線形系を考えると，上の定理から，$W^{ss}(0)$ は原点において E^s に接する曲面で，$W^{uu}(0)$ は原点において E^u に接する曲線であることがわかる．紙数の都合上，定理の証明は割愛する．

$E^o=\{0\}$ のとき，すなわち $f'(\bar{x})$ の固有値が複素平面の虚軸上にないとき，$\bar{x}$ を**双曲型**(hyperbolic)の平衡点と呼ぶ．沈点，湧点，鞍点は双曲型である．双曲型平衡点に対しては，$W^s(\bar{x})=W^{ss}(\bar{x})$, $W^u(\bar{x})=W^{uu}(\bar{x})$ が成り立つ．また，§3.3(c)で2次元系の場合に説明したのと同じように，双曲型平衡点は‘局所的な構造安定性’を有する．すなわち，方程式に微小な摂動を加えても，平衡点の付近の相図の構造——ただし，比較的ゆるい意味での構造——は保たれる．

(e) 中心多様体

平衡点 $\bar{x}$ が双曲型でないとき，すなわち $E^o\neq\{0\}$ のとき，点 $\bar{x}$ の近傍で次の性質をもつ多様体 $W^c(\bar{x})$ が構成できることが知られている．

(i) $W^c(\bar{x})$ は**局所不変**である．すなわち，$\bar{x}$ の適当な近傍 U が存在して，$W^c(\bar{x})\cap U$ 上に初期値をもつ解は，t を正方向および負方向に変化させたとき，U 内で $W^c(\bar{x})$ からはみ出ることはない．言いかえれば，解は U の境界 ∂U に達するまでは $W^c(\bar{x})$ 上にとどまり続ける．(したがって，もし解が U の外に出ないなら，$W^c(\bar{x})$ の上にずっと閉じ込められ続ける．)

(ii) 点 $\bar{x}$ における $W^c(\bar{x})$ の接空間に対して $T_{\bar{x}}W^c(\bar{x})=E^o$ が成り立つ．

上の(i),(ii)の性質をもつ多様体 $W^c(\bar{x})$ を，平衡点 $\bar{x}$ の**中心多様体**(center manifold)と呼ぶ．$W^{ss}(\bar{x})$ や $W^{uu}(\bar{x})$ と違って，中心多様体は必ずしも一意

的に確定するものではないが，もし中心多様体が2個以上あれば，それらは点 $\bar{x}$ において無限次のオーダーで接することが証明できる．

さて，2次元系における中心多様体について考えてみよう．$\bar{x}$ を方程式(3.1)の平衡点(ただし $n=2$)とし，この点において

$$\dim E^s = \dim E^o = 1, \quad \dim E^u = 0 \tag{3.22}$$

が成り立つことを仮定する．したがって $\bar{x}$ は中立安定な平衡点である．§3.3でやったのと同様に，方程式(3.1)を(3.11)の形に書き直しておく．仮定(3.22)から，$\lambda=0>\mu$ が成り立つとしてよい．すなわち方程式は

$$\begin{cases} \dot{u} = R_1(u, v) \\ \dot{v} = \mu v + R_2(u, v) \end{cases} \tag{3.23}$$

と書ける．ここで高次項 R_1, R_2 を無視すると，線形化方程式

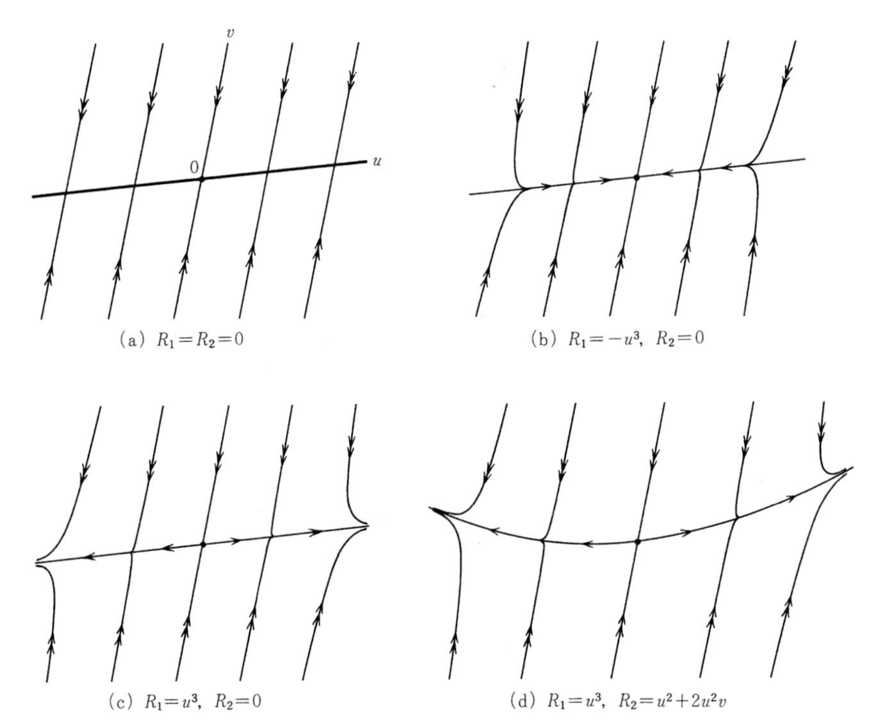

(a) $R_1=R_2=0$　(b) $R_1=-u^3,\ R_2=0$

(c) $R_1=u^3,\ R_2=0$　(d) $R_1=u^3,\ R_2=u^2+2u^2v$

図3.13　(3.23)の相図．2重矢印は相対的に速い動きを表わす．(a)の太い直線は平衡点からなる．(a)，(b)，(c)では中心多様体は u 軸に一致し，(d)では放物線になる．

$$\dot{u} = 0, \quad \dot{v} = \mu v \tag{3.24}$$

が得られ，相図は図3.13(a)のようになる．この場合

$$W^s(0) = W^{ss}(0) = v \text{ 軸}, \quad W^c(0) = u \text{ 軸}, \quad W^u(0) = \{0\}$$

となることが容易にわかる．さて§3.3(b)で見たように，(3.24)は構造安定ではないので，(3.23)の相図の原点付近での構造が，(3.24)のそれと同一であることは一般に期待できない．さまざまな高次項を与えたときの(3.23)の相図の様子を図3.13(b)～(d)に示した．構造が異なるとはいえ，これらの相図の間には，ある程度の類似性が認められる．この例に限らず，一般に中心多様体に対して次の定理が成り立つことが知られている．

定理 3.4　$\bar{x}$ は(3.1)の中立安定な平衡点とする．すなわち $E^o \neq \{0\}$, $E^u = \{0\}$ を仮定する．(また，(3.1)の右辺の関数 f は C^2 級の滑らかさをもつとする．)　このとき，$\bar{x}$ の適当な近傍 U が存在して以下が成り立つ．

(i)　中心多様体上の解の動きは相対的に緩慢である．詳しくは，$W^c(\bar{x})$ の上に乗っている解は，$t \to -\infty$ および $t \to \infty$ としたとき，$1/t$ より速いオーダーで $\bar{x}$ に近づくことはない．よって指数的引き寄せや引き離しは起こらない．

(ii)　U の中から出発した解は，U 内にとどまっている間はすべて $W^c(\bar{x})$ に指数的に引き寄せられる．さらに，もしそのような解 $x(t)$ が U 内にずっと ($\forall t \geqq 0$) とどまるならば，$W^c(\bar{x})$ 上の適当な解 $y(t)$ を見つけて，$|x(t)-y(t)|$ が $t \to \infty$ のとき指数的に減衰するようにできる．

[証明の概略]　(i)が成り立つ理由を $n=2$ の場合に示そう((ii)の証明は省く)．中心多様体上では $v=o(u)$ となるので，(3.23)と(3.12)より $\dot{u}=O(u^2)$ が成り立つ．よって

$$-K \leqq -\frac{\dot{u}}{u^2} \qquad (K \text{ は正の定数})$$

が成立する．上式を積分すると，(i)の結論が得られる．　■

さて，図3.13の(b)の例では，$W^c(\bar{x})$ 上の解は $1/\sqrt{t}$ のオーダーで原点に引き込まれる．(d)の例では，$W^c(\bar{x})$ 上の解は $1/\sqrt{t}$ のオーダーで原点から引き離される．図3.10の例では，$W^c(0)=y$ 軸であり，その下半部に乗っている解は $1/t$ のオーダーで原点に引き寄せられ，上半部に乗っている解は $1/t$ のオ

ーダーで引き離される．

定理 3.4 の帰結として，次のことがわかる．

系

(i)　中立安定な平衡点の安定性は，中心多様体上のダイナミクスだけから判定できる．すなわち，中心多様体の上だけで考えたとき $\bar{x}$ が安定であれば，全体の中でも $\bar{x}$ は安定であり，逆も成り立つ．

(ii)　$W^{ss}(\bar{x})$ 上にない解は，$1/t$ より速いオーダーで $\bar{x}$ に引き寄せられない．　□

例 3.8　a, b, c を定数として，常微分方程式系

$$\begin{cases} \dot{x} = ax^3 + xy \\ \dot{y} = -y + bx^2 + cx^2 y \end{cases} \tag{3.25}$$

を考える．原点 O は平衡点であり，この点において

$$E^s = y \text{ 軸}, \quad E^o = x \text{ 軸}, \quad E^u = \{0\}$$

となる．したがって，中心多様体 $W^c(0)$ は原点で x 軸に接する曲線である．この曲線を(原点の近くで)関数 $y = h(x)$ のグラフとして表わすと，$h(x)$ は十分に滑らかな関数で，しかも $h(0) = h'(0) = 0$ が成り立つから，

$$h(x) = x^2 k(x)$$

と書ける．いま，$(x(t), y(t))$ を $W^c(0)$ の上に閉じ込められた任意の解とし，$y = x^2 k(x)$ の両辺を t で微分すると

$$\dot{y} = (2xk(x) + x^2 k'(x))(ax^3 + xy) = x^4(2k(x) + xk'(x))(a + k(x))$$

が得られ，これと(3.25)の第 2 式から

$$x^2\{b - k(x)\} = x^4\{(2k(x) + xk'(x))(a + k(x)) - ck(x)\}$$

が導かれる．上式が任意の解 $(x(t), y(t))$ に対して成立するためには，$k(x) = b + o(x^2)$，すなわち

$$h(x) = bx^2 + o(x^4)$$

でなければならない．これを(3.25)の第 1 式に代入して

$$\dot{x} = (a + b)x^3 + o(x^5)$$

を得る．これと関係式 $y = h(x)$ により，$W^c(0)$ 上の解の動きが規定される．とくに，$a + b < 0$ なら原点は安定であり，$a + b > 0$ なら不安定である．　□

§3.5　力学系

(a)　力学系の定義

領域 D 上の自励的微分方程式(3.1)に対する初期値問題

$$\begin{cases} \dfrac{\mathrm{d}x}{\mathrm{d}t} = f(x) \\ x(0) = \eta \end{cases} \tag{3.26}$$

の解を，初期値 η をパラメータと見たてて $x(t\,;\eta)$ と書くことにしよう．いま，時刻 t を固定して初期値 η を動かすと，対応

$$\eta \longmapsto x(t\,;\eta)$$

は D 内の各点を再び D 内のどこかの点にうつす写像，すなわち領域 D 上の変換を定義する．この変換を

$$\varphi_t : D \to D$$

と表わすと，時間変数 t をパラメータとする D 上の変換の族 $\{\varphi_t\}_{t\in\mathbf{R}}$ が得られる．これを微分方程式(3.1)が定める**力学系**(dynamical system)または**流れ**(flow)と呼ぶ．また，D をこの力学系の**相空間**(phase space)または**状態空間**と呼ぶ．

定義から

$$\varphi_t(\eta) = x(t\,;\eta) \tag{3.27}$$

が成り立つ．つまり $\varphi_t(\eta)$ は $x(t\,;\eta)$ の書き換えにすぎない．しかし，後者においては t が独立変数で η はあくまでパラメータであったのに対し，前者では η が主たる独立変数になっている点に注意しよう．この視点の転換は，解の挙動を大域的観点から論じるのに大変都合がよい．

例 3.9　$\mathbf{R}^n$ 上の定数係数線形微分方程式 $\mathrm{d}x/\mathrm{d}t = Ax$ は自励系である．解は $x(t) = \mathrm{e}^{tA}x(0)$ で与えられるから，

$$\varphi_t(x) = \mathrm{e}^{tA}x \qquad (x \in \mathbf{R}^n)$$

が成り立つ．例えば，$n=2$ で

$$A = \begin{pmatrix} 0 & k \\ -k & 0 \end{pmatrix}$$

の場合，(2.25)より

$$\varphi_t(x) = \begin{pmatrix} \cos kt & \sin kt \\ -\sin kt & \cos kt \end{pmatrix} x$$

となる．よって φ_t は原点を中心とする角度 $-kt$ の回転を表わす．　□

$\varphi_t(x)$ は t についてはもちろん，x についても連続である．これは，初期値に対する解の連続依存性(定理1.7)から従う．さらに φ_t は次の性質をもつ．

(性質1)　$\varphi_0(x) = x$　　$(\forall x \in D)$

(性質2)　$\varphi_t \circ \varphi_s = \varphi_{t+s}$　　$(\forall t, s \in \mathbf{R})$

ここで $\varphi_t \circ \varphi_s$ は写像の合成を表わす．φ_t の定義から，(性質1)が成り立つのは明らかである．(性質2)は，方程式(3.1)が自励系であるという事実を用いて証明できる(§2.4(b)末尾の議論を参考に，各自確認せよ)．なお，上の例3.9においては，(性質2)は指数法則(2.19)の言いかえにほかならない．

注意3.4　ここまでの議論は，(3.26)がどのような初期値 η に対しても大域解をもつという暗黙の前提のもとに進められてきた．もし解が有限時間で爆発することを許すと，$x(t\,;\eta)$ はすべての $t \in \mathbf{R}$, $\eta \in D$ に対して必ずしも定義されない．言いかえれば，写像 φ_t は(t の値によっては)D 全体で定義されているとは限らない．このような場合でも，(性質1)はもちろん成り立ち，(性質2)の等式も，両辺が意味をもつ限りにおいて成り立つ．このとき，$\{\varphi_t\}_{t\in\mathbf{R}}$ を**局所力学系**または**局所的な流れ**という．

(b)　軌道

定義3.2

(i)　点 $x \in D$ に対し，集合 $\{\varphi_t(x) \mid -\infty < t < \infty\}$ を x を通る**軌道**(orbit, trajectory)または解曲線と呼び，$\gamma(x)$ で表わす．

(ii)　集合 $\{\varphi_t(x) \mid t \geqq 0\}$ を x を通る**正の半軌道**(positive semi-orbit), $\{\varphi_t(x) \mid t \leqq 0\}$ を x を通る**負の半軌道**と呼び，それぞれ $\gamma_+(x)$, $\gamma_-(x)$ で表わす．

(iii)　$\varphi_t(x) = x$ $(-\infty < t < \infty)$ が成り立つような点，すなわち $\gamma(x) = \{x\}$ となる点を**平衡点**(equilibrium point)という．

(iv)　ある $T > 0$ に対して $\varphi_T(x) = x$ となるような点 x を**周期点**(periodic point)と呼ぶ．とくに x が平衡点でない場合，上式が成り立つ最小の $T >$

0をxの**最小周期**と呼ぶ．

(v)　周期点xの軌道$\gamma(x)$を**周期軌道**と呼ぶ．とくにxが平衡点でない場合，これを**閉軌道**(closed orbit)と呼ぶ．閉軌道は状態空間内の閉曲線をなす．　□

命題3.2　写像φ_tの逆写像${\varphi_t}^{-1}$はφ_{-t}に一致する．したがって${\varphi_t}^{-1}$も連続写像であり，$\varphi_t : D \to D$は同相写像となる．

［証明］　$\varphi_t \circ \varphi_{-t} = \varphi_{t-t} = \varphi_0 = I$（恒等写像）．同様に，$\varphi_{-t} \circ \varphi_t = I$となるので，$\varphi_{-t} = {\varphi_t}^{-1}$が成り立つ．　■

命題3.3　D内の任意の2点x, yに対し，次のいずれかが成立する．

(i)　$\gamma(x) \cap \gamma(y) = \emptyset$　　(ii)　$\gamma(x) = \gamma(y)$

［証明］　(i)が成り立たないとすると，ある実数t_1, t_2に対し$\varphi_{t_1}(x) = \varphi_{t_2}(y)$が成立する．すなわち

$$y = {\varphi_{t_2}}^{-1}(\varphi_{t_1}(x)) = \varphi_{t_1 - t_2}(x)$$

よって

$$\begin{aligned}\gamma(y) &= \{\varphi_t(y) \mid t \in \mathbf{R}\} = \{\varphi_t \circ \varphi_{t_1-t_2}(x) \mid t \in \mathbf{R}\} \\ &= \{\varphi_{t+t_1-t_2}(x) \mid t \in \mathbf{R}\} = \{\varphi_s(x) \mid s \in \mathbf{R}\} = \gamma(x)\end{aligned}$$　■

上の命題から，“相異なる軌道どうしが交わることは決してない”ことがわかる．

命題3.4　1本の軌道が同じ点を2度以上通るのは，その軌道が平衡点か閉軌道である場合に限る．

［証明］　二つの異なる時刻$t_1 < t_2$に対して$\varphi_{t_1}(x) = \varphi_{t_2}(x)$が成り立ったとする．両辺に${\varphi_{t_1}}^{-1}$をほどこすと

$$x = {\varphi_{t_1}}^{-1}(\varphi_{t_2}(x)) = \varphi_{t_2 - t_1}(x)$$

よって$\gamma(x)$は平衡点か閉軌道である．　■

§3.6　極限集合

(a)　極限集合

微分方程式の解の漸近挙動を論じる際，極限集合の概念が大変役立つ．いま，状態空間D上の力学系φ_tが与えられているとし，xをD内の勝手な点とす

る．点 $y \in D$ が x の **$\boldsymbol{\omega}$ 極限点**または**正極限点**であるとは，数列

$$0 < t_1 < t_2 < t_3 < \cdots \to \infty$$

をうまく選ぶと

$$\varphi_{t_k}(x) \to y \qquad (k \to \infty)$$

が成り立つようにできることをいう．x の ω 極限点全体の集合を **$\boldsymbol{\omega}$ 極限集合**（ω limit set）または**正極限集合**と呼び，$\omega(x)$ と表わす．時間の向きを逆にして数列

$$0 > t_1 > t_2 > t_3 > \cdots \to -\infty$$

を考えることにより，x の **$\boldsymbol{\alpha}$ 極限点**および **$\boldsymbol{\alpha}$ 極限集合**（または**負極限集合**）が同様に定義できる．α 極限集合は $\alpha(x)$ と表わす．

例 3.10　x が平衡点の場合，$\omega(x)=\alpha(x)=\{x\}$ が成り立つ．また，x が周期点であれば，$\omega(x)=\alpha(x)=\gamma(x)$ が成り立つ．　□

例 3.11　例 1.12 で扱った方程式(1.42)が定める平面上の力学系――より正確には半流――の場合，

$$P = \text{原点} \Longrightarrow \omega(P) = \{P\}$$
$$P \neq \text{原点} \Longrightarrow \omega(P) = \text{単位円}(r=1)$$

この例における単位円のように，ある閉軌道 C が，C 上にない点の極限集合になっているとき，これを**極限閉軌道**または**リミットサイクル**と呼ぶ．　□

例 3.12（2 重周期解とトーラス）　§1.5 の例 1.13 で説明したように，直線 $\mathbf{R}$ 上の点 θ と，それに mod 2π で等しい点 $\theta\pm2\pi$, $\theta\pm4\pi, \cdots$ をすべて同一視して得られる空間 $\mathbf{R}/2\pi\mathbf{Z}$ は円周と同じ図形を定める（トポロジーの用語を用いれば，$\mathbf{R}/2\pi\mathbf{Z}$ と円周は‘同相’である）．今度は，平面 $\mathbf{R}^2$ 上の点 (θ_1, θ_2) と，それに各成分が mod 2π で等しい点 $(\theta_1+2k\pi, \theta_2+2l\pi)$, $k=0, \pm1, \pm2, \cdots$, $l=0, \pm1, \pm2, \cdots$ を同一視して得られる空間 $\mathbf{R}^2/2\pi\mathbf{Z}^2$ を考えると，これは図 3.14 に示したような**トーラス面**と同相になる．なぜなら，$\mathbf{R}^2/2\pi\mathbf{Z}^2$ は，正方形領域

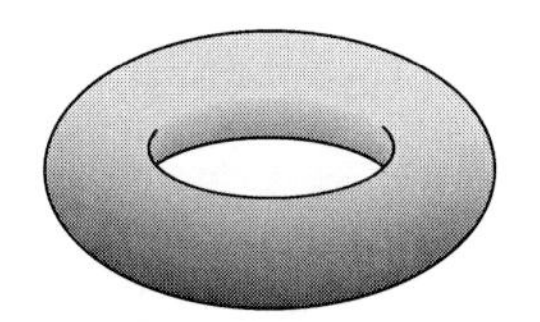

図 3.14　トーラス面

$$\{(\theta_1, \theta_2) \in \mathbf{R}^2 \mid 0 \leqq \theta_1 \leqq 2\pi,\ 0 \leqq \theta_2 \leqq 2\pi\}$$

の辺 AB と DC を同一視し，かつ辺 AD と BC を同一視して得られる図形に等しいからである(図 3.15)．ちなみに，同一視する操作は，これをノリで貼り合わせる作業にたとえると理解しやすい．辺 AB と DC を貼り合わせると円筒ができる．次に円筒の上部の円と下部の円を貼り合わせれば，図 3.14 に示したトーラス面ができる．(図形の‘トポロジカル’な性質を問題にしているので，円筒面を引き伸ばしたり曲げたりする操作は許される．) 以下，トーラス面 $\mathbf{R}^2/2\pi\mathbf{Z}^2$ を T^2 と書くことにする．

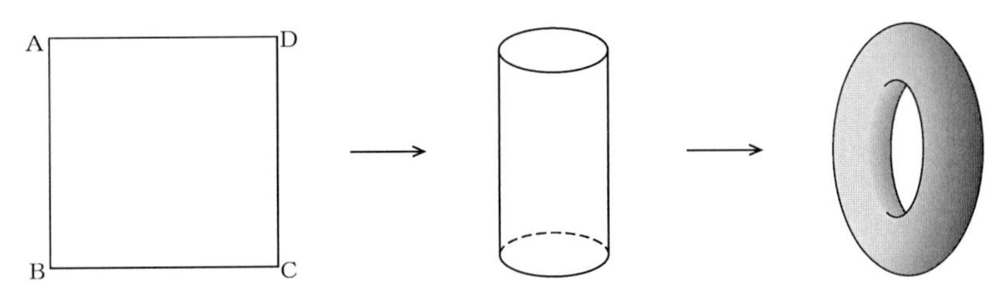

図 3.15　正方形を貼り合わせてトーラス面を作る

さて，a を定数として T^2 上の微分方程式系

$$\begin{cases} \dot{\theta}_1 = 1 \\ \dot{\theta}_2 = a \end{cases} \tag{3.28}$$

を考える．解は

$$\theta_1(t) = \theta_1(0) + t \pmod{2\pi}, \qquad \theta_2(t) = \theta_2(0) + at \pmod{2\pi}$$

で与えられる．$\theta_1(t)$ は周期 2π，$\theta_2(t)$ は周期 $2\pi/a$ の関数である．このことから，

- a が有理数のとき，解 $(\theta_1(t), \theta_2(t))$ は周期関数である
- a が無理数のとき，解 $(\theta_1(t), \theta_2(t))$ は周期関数ではない

ことがわかる．後者の場合，解は本質的に独立な二つの周期運動の合成になる．このような解を**2重周期解**と呼ぶ．2重周期解の場合，**極限集合はトーラス全体になる**ことが証明できる．　□

例 3.13　a を 0 でない定数として次の方程式系が定める $\mathbf{R}^4$ 上の力学系——正確には半流——を考える．

$$\begin{cases} \dot{x}_1 = -x_2 + (1 - x_1{}^2 - x_2{}^2)\, x_1 \\ \dot{x}_2 = x_1 + (1 - x_1{}^2 - x_2{}^2)\, x_2 \\ \dot{x}_3 = -ax_4 + (1 - x_3{}^2 - x_4{}^2)\, x_3 \\ \dot{x}_4 = ax_3 + (1 - x_3{}^2 - x_4{}^2)\, x_4 \end{cases} \tag{3.29}$$

(3.29)は，x_1, x_2 に関する方程式と x_3, x_4 に関する方程式に分けることができる．x_1x_2 平面上の極座標

$$x_1 = r_1 \cos \theta_1, \quad x_2 = r_2 \cos \theta_2$$

と x_3x_4 平面上の極座標

$$x_3 = r_2 \cos \theta_2, \quad x_4 = r_2 \sin \theta_2$$

を用いると，(3.29)は次のように書き換えられる．

$$\begin{cases} \dot{r}_1 = (1 - r_1{}^2)\, r_1, \quad \dot{\theta}_1 = 1 \\ \dot{r}_2 = (1 - r_2{}^2)\, r_2, \quad \dot{\theta}_2 = a \end{cases} \tag{3.30}$$

いま，$r_1(0) > 0$ が成り立つものとすると，例3.12で見たように，解 $(x_1(t), x_2(t), x_3(t), x_4(t))$ の x_1x_2 平面上への射影 $(x_1(t), x_2(t))$ は，$t \to \infty$ のとき極限閉軌道 $r_1 = 1$ に近づく．同様に，$r_2(0) > 0$ であれば，解の x_3x_4 平面上への射影 $(x_3(t), x_4(t))$ は，$t \to \infty$ のとき極限閉軌道 $r_2 = 1$ に近づく．したがって，極限集合 $\omega(x)$ は二つの円 $r_1 = 1$ と $r_2 = 1$ との直積集合上にある．この直積集合 S は

$$S = \left\{ \begin{pmatrix} \cos \theta_1 \\ \sin \theta_1 \\ \cos \theta_2 \\ \sin \theta_2 \end{pmatrix} \middle| \, \theta_1, \theta_2 \in \mathbf{R}/2\pi\mathbf{Z} \right\}$$

とパラメータ表示される $\mathbf{R}^4$ 内の曲面である．この曲面を $\mathbf{R}^3$ 内に描くことはできないが，これがトーラス T^2 と同相な曲面であることを確かめるのは難しくない．解 $x(t)$ は曲面 S に

$$\dot{\theta}_1 = 1, \quad \dot{\theta}_2 = a$$

をみたしながら近づいていく．例3.12の結果と合わせて，次のことがわかる．

- a が有理数のとき，$\omega(x)$ は S 上の閉軌道である．
- a が無理数のとき，$\omega(x)$ はトーラス面 S 全体に一致する．このとき解のふるまいは次第に2重周期運動に近づく．　□

証明は省くが，以下の命題は有用である．

命題 3.5 $\omega(x_0)$ が空集合になるのは，$\varphi_t(x_0)$ が $t\to\infty$ のとき無限遠方に遠ざかるか，または D の境界に近づく場合に限る． □

また，きわめて例外的なケースを除いて，通常我々が扱う微分方程式においては $\omega(x_0)$ や $\alpha(x_0)$ は連結集合，すなわち'飛び地'をもたない連綿とつながった図形であることも注意しておく．平衡点，閉軌道，トーラス面などはもちろん連結集合である．

(b) 不変性

集合 $S\subset D$ が**正不変**であるとは，

$$\varphi_t(S)\subset S \qquad (\forall\, t\geqq 0) \tag{3.31}$$

が成り立つことをいう．S が**不変**(invariant)であるとは，

$$\varphi_t(S)=S \qquad (\forall\, t\geqq 0) \tag{3.32}$$

が成り立つことをいう．(3.32)と $\varphi_t(S)=S$ $(\forall\, t\in\mathbf{R})$ は同値である．((3.32)の両辺に φ_{-t} をほどこせば証明できる．) また，S が不変であることと，S の任意の点に対して $\gamma(x)\subset S$ が成り立つことが同値であることもすぐにわかる．平衡点や閉軌道，あるいは例 3.13 のトーラス面 S などは不変集合の例である．次の定理は有用である(証明は省く)．

定理 3.5 極限集合は不変集合である． □

(c) Lyapunov 関数

D 上の力学系 φ_t に対して，次の条件をみたす D 上の実数値関数 $J(x)$ を **Lyapunov 関数**と呼ぶ．

(L1) J は連続である．

(L2) 任意の $x\in D$ に対し，$J(\varphi_t(x))$ は t について単調非増大(すなわち広義単調減少)である．

第2番目の条件を次で置き換えたものは，**狭義 Lyapunov 関数**と呼ばれる．

(L2′) 平衡点でない任意の $x\in D$ に対し，$J(\varphi_t(x))$ は t について狭義単調減少である．

§1.5 の例 1.14 で見たように，摩擦や空気抵抗によってエネルギーが散逸す

る系においては，力学的エネルギーが狭義 Lyapunov 関数になる．

定理 3.6 J を D 上の力学系 φ_t の Lyapunov 関数とし，x_0 を D の点とする．このとき J は $\omega(x_0)$ 上で一定の値をとる．

［証明］ y, z を $\omega(x_0)$ の任意の 2 点とする．定義から，

$$\varphi_{s_k}(x_0) \to y, \quad \varphi_{t_k}(x_0) \to z \qquad (k \to \infty)$$

をみたす点列 $0<s_1<s_2<\cdots \to \infty$ と $0<t_1<t_2<\cdots \to \infty$ が存在する．必要なら部分列をとり直すことにより，

$$0 < s_1 < t_1 < s_2 < t_2 < \cdots \to \infty$$

がはじめから成り立つものと仮定して一般性を失わない．すると(L2)から

$$J(\varphi_{s_k}(x_0)) \geqq J(\varphi_{t_k}(x_0)) \geqq J(\varphi_{s_{k+1}}(x_0))$$

が成立する．$k\to\infty$ とし，J の連続性を用いると

$$J(y) \geqq J(z) \geqq J(y)$$

が得られる．よって，$J(y)=J(z)$． ■

系 狭義 Lyapunov 関数をもつ力学系においては，いかなる点の ω 極限集合も平衡点以外の点を含まない．

［証明］ y を $\omega(x_0)$ の上の任意の点とする．定理 3.5 より $\omega(x_0)$ は不変集合だから，$\varphi_t(y) \in \omega(x_0)$ がすべての実数 t に対して成り立つ．これと定理 3.6 から，$J(\varphi_t(y))$ は t に依存しない．よって y は平衡点である． ■

例 3.14（勾配系） $E(x)$ を D 上で定義された実数値 C^2 級関数とする．微分方程式

$$\frac{\mathrm{d}x}{\mathrm{d}t} = -\mathrm{grad}\, E(x) \tag{3.33}$$

を E に対する**勾配系**(gradient system)と呼ぶ．ここで

$$\mathrm{grad}\, E = \begin{pmatrix} \partial E/\partial x_1 \\ \vdots \\ \partial E/\partial x_n \end{pmatrix}$$

である．$x(t)$ を(3.33)の解とすると，簡単な計算から

$$\frac{\mathrm{d}}{\mathrm{d}t} E(x(t)) = -\left|\frac{\mathrm{d}}{\mathrm{d}t} x(t)\right|^2$$

が成り立つ．よって，(3.33)は E を狭義 Lyapunov 関数としてもつ． □

例 3.15 次の形の方程式を **Liénard の方程式**と呼ぶ．

$$\frac{\mathrm{d}^2x}{\mathrm{d}t^2}+f(x)\frac{\mathrm{d}x}{\mathrm{d}t}+xg(x)=0 \tag{3.34}$$

これを $y=\mathrm{d}x/\mathrm{d}t$ とおいて1階の正規形に直すと

$$\begin{cases} \dot{x}=y \\ \dot{y}=-f(x)y-xg(x) \end{cases} \tag{3.35}$$

いま，

$$J(x,y)=\frac{1}{2}y^2+\int_0^x sg(s)\,\mathrm{d}s$$

とおくと，$(x(t),y(t))$ が(3.35)の解であれば

$$\frac{\mathrm{d}}{\mathrm{d}t}J(x(t),y(t))=-f(x(t))\{y(t)\}^2$$

が成り立つ．よって，もし $f\geqq 0$ が常に成り立てば，J は(3.35)の——したがって(3.34)の——Lyapunov 関数になる． □

Lyapunov 関数はまた，平衡点の安定性の解析にも重要な役割を演ずる．

定理 3.7 平衡点 $\bar{x}$ の近傍 U の上で次の性質をもつ実数値関数 $V(x)$ が定義されているとする．

(i) $V(x)$ は U 上で連続で，$V(\bar{x})<V(x)$ が任意の $x\in U\backslash\{\bar{x}\}$ に対して成立する．

(ii) 任意の $x\in U\backslash\{\bar{x}\}$ に対し，$V(\varphi_t(x))$ は t について狭義単調減少である．

このとき，平衡点 $\bar{x}$ は漸近安定である．

［証明の概略］ $\alpha=V(\bar{x})$ とおき，実数 $c\geqq\alpha$ に対して

$$K_c=\{x\in U \mid V(x)\leqq c\}$$

と定める．$c\searrow\alpha$ とすると，閉領域 K_c は1点 $\bar{x}$ に収縮する．したがって，c が α に十分近いと K_c の境界は U の境界から離れているので K_c は正不変である．すなわち K_c 内から出発した正の半軌道は K_c の外に出ない．これから，$\bar{x}$ が安定であることがわかる(図3.16)．次に，正不変な K_c をひとつ固定し，x を K_c 内の任意の点とする．命題3.5から $\omega(x)\neq\varnothing$ であり，これと定理3.6の系から，$\omega(x)=\{\bar{x}\}$ が得られる．よって，命題3.2より，$\varphi_t(x)\to\bar{x}$ $(t\to\infty)$ が成り立つ． ■

例 3.16 微分方程式系

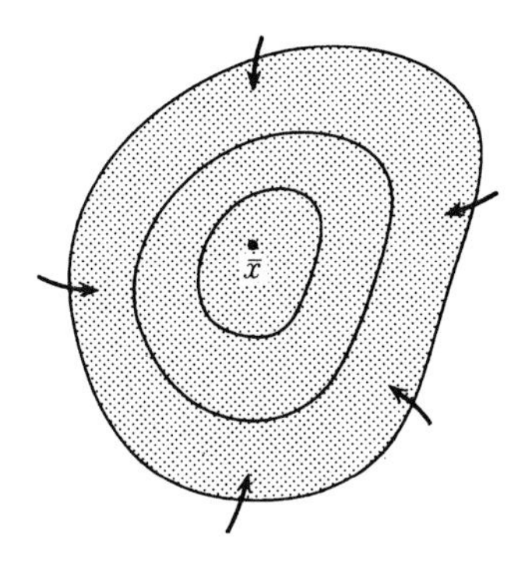

図 3.16 影をつけた部分は K_c を表わし，閉曲線は V の等高線を表わす．各等高線を横切る解曲線は常に等高線の内側に向かう．

$$\begin{cases} \dot{x}_1 = -({x_1}^2+{x_2}^2)x_1 \\ \dot{x}_2 = -2({x_1}^2+{x_2}^2)x_2 \end{cases}$$

は原点を平衡点にもつ．原点における線形化方程式は

$$\begin{cases} \dot{y}_1 = 0 \\ \dot{y}_2 = 0 \end{cases}$$

となるので，線形化方程式の情報では安定性の判定ができない．そこで

$$V(x_1, x_2) = {x_1}^2+{x_2}^2$$

とおくと，

$$\begin{aligned} \frac{\mathrm{d}}{\mathrm{d}t} V(x_1(t), x_2(t)) &= -2({x_1}^2+{x_2}^2){x_1}^2-4({x_1}^2+{x_2}^2){x_2}^2 \\ &= -2({x_1}^2+{x_2}^2)({x_1}^2+2{x_2}^2) \end{aligned}$$

上式は原点以外では負の値をとる．よって定理 3.7 より原点は漸近安定である． □

§3.7 Hamilton 系と保測変換

領域 D 上の変換 $F: D \to D$ が**保測変換**であるとは，D 内のどんな図形も変換 F をほどこしたときに体積を変えないことをいう．もう少し正確にいうと，D の任意の(体積が定義できる)部分集合 K に対し，K と $F^{-1}(K)$ の体積が等しいことをいう．

定理 3.8　方程式(3.1)が定める D 上の力学系を φ_t とする．いま，(3.1)の右辺の関数

$$f(x) = \begin{pmatrix} f_1(x_1, \cdots, x_n) \\ \vdots \\ f_n(x_1, \cdots, x_n) \end{pmatrix}$$

が

$$\operatorname{div} f := \frac{\partial f_1}{\partial x_1} + \cdots + \frac{\partial f_n}{\partial x_n} = 0 \tag{3.36}$$

を D 上で満足するとする．このとき，実数 t を固定するごとに φ_t は D 上の保測変換になる．

［証明の概略］　話をわかりやすくするため，D は平面領域であるとする．K を D 内の図形とし，これを非常に細かな三角形に分割しておく．K の面積が変換 φ_t によって保存されることを示すには，K を構成する個々の微小三角形の面積が保存されることをいえばよい．しかも，三角形分割はいくらでも細かくとれるから，各辺の長さが‘限りなく小さい’——いわば‘無限小’の——三角形に対して φ_t の保測性を示せば十分である．

D 内に微小三角形 K_0 を描き，P をその頂点のひとつとする．P を初期値とする(3.1)の解を $x(t)$ とする．K_0 が φ_t によってどのような変形を受けるかを調べるため，K_0 内の勝手な点 Q を初期値とする(3.1)の解を $y(t)$ とおく．すると変位 $u(t) = y(t) - x(t)$ は

$$\dot{u} = f(x(t)+u) - f(x(t)) = f'(x(t))\,u + o(|u|) \tag{3.37}$$

をみたす．ところで $f'(x)$ は(3.8)で与えられるから

$$\operatorname{tr}(f'(x)) = \operatorname{div} f(x) = 0$$

が成り立つ．よって命題 2.4 より，線形系

$$\dot{u} = f'(x(t))\,u$$

がひき起こす変換は保測変換である．このことと(3.37)を用いると，図形 K_0 を限りなく小さくしていったとき面積比

$$\frac{\mu(\varphi_t(K_0))}{\mu(K_0)} \qquad (\mu \text{ は面積を表わす})$$

が 1 に限りなく近づくことがわかる．　■

例 3.17（非圧縮性流体の速度場）　領域 D 内を流れる定常流が与えられてい

るとし，その速度場を $v(x)$ とする．D 内に仮想的な図形を置き，この図形を構成する各点が流れに逆らわずに運動したときに図形がどのような変形を受けるかを考えてみる．これはとりも直さず，微分方程式

$$\dot{x} = v(x)$$

が定める力学系 φ_t を考えているにほかならない．流体が**非圧縮性**流体であるとは，φ_t が保測変換であることをいう．定理 3.8 より，これは

$$\mathrm{div}\, v = 0 \tag{3.38}$$

が成り立つことと同値である．なお，定理 3.8 は非自励系(すなわち，$f=f(t,x)$ の場合)に対しても成立することはその証明から明らかなので，定常流でない流体に対しても(3.38)が非圧縮性と同値な条件になる． □

命題 3.6 φ_t が保測変換であるような力学系においては，漸近安定な平衡点は存在しない．

[証明の概略] 仮に漸近安定な平衡点が存在したとして，それを $\bar{x}$ とおく．$\bar{x}$ を中心とする半径 r の球を $B_r(\bar{x})$ と表わす．r が十分小さいと，$\bar{x}$ の漸近安定性から，十分大きな t に対して

$$\varphi_t(B_r(\bar{x})) \subset B_{r/2}(\bar{x})$$

が成り立つ．ところがこれは φ_t の保測性に反する． ■

閉軌道の安定性は本書では定義しなかったが，上と同じ理由により，φ_t が保測変換であれば漸近安定な閉軌道が存在しないことが示される．保測性をもつ力学系の理論は，エルゴード論において重要な役割を演ずる．

保測性をもつ力学系の代表的なクラスとして古くから知られているものに，Hamilton 系がある．§1.5(b)で述べたように，

$$\begin{cases} \dfrac{\mathrm{d}q}{\mathrm{d}t} = \dfrac{\partial}{\partial p} H(p, q) \\[2ex] \dfrac{\mathrm{d}p}{\mathrm{d}t} = -\dfrac{\partial}{\partial q} H(p, q) \end{cases}$$

の形の方程式系を **Hamilton 系**と呼ぶ．これが(3.36)の条件を満足するのは明らかである．よって Hamilton 系が定める力学系 φ_t は，各 t を固定するごとに保測変換となる(**Liouville の定理**)．

高次元の(**自由度** m の) Hamilton 系とは，ハミルトニアン $H(p_1, \cdots, p_m, q_1,$

$\cdots, q_m)$ を用いて

$$\begin{cases} \dfrac{\mathrm{d}q_j}{\mathrm{d}t} = \dfrac{\partial}{\partial p_j} H \\ \dfrac{\mathrm{d}p_j}{\mathrm{d}t} = -\dfrac{\partial}{\partial q_j} H \end{cases} \qquad (j = 1, 2, \cdots, m)$$

と表わされる微分方程式系のことである．この場合も Liouville の定理が成り立つことは容易にわかる．

§3.8 Poincaré-Bendixson の定理

平面上の力学系においては，解曲線のふるまいは極端に複雑なものにはならない．多くの場合，$t \to \infty$ のとき平衡点に収束するか，または極限閉軌道に引き寄せられる．これ以外の挙動もあり得るが，比較的単純なものに限られる．実際，次の定理が成り立つことが知られている．

定理 3.9 (Poincaré-Bendixson の定理) 平面領域 D 上の力学系が与えられているとし，x を D 上の点とする．また，$\omega(x) \neq \emptyset$ とする．このときに，$\omega(x)$ の勝手な点 y に対し，次のいずれかが成り立つ．

(i) y は平衡点である．

(ii) $t \to \infty$ および $t \to -\infty$ のとき $\varphi_t(y)$ は平衡点に収束する．

(iii) $\gamma(y)$ は閉軌道である． □

系 $\omega(x)$ が平衡点を含まなければ，$\omega(x)$ は閉軌道である． □

定理 3.9 で与えた各ケースの典型的な場合を図 3.17 に示した．上の定理は，球面上の力学系に対しても成立するが，状態空間の次元が 3 以上の場合には成立しない．(例えば，Lorenz 方程式(付録 3)はよく知られた例外である．) ま

図 3.17 (a) (i), (ii)の場合，(b) (iii)の場合

た，2次元であっても，トーラス面上の力学系に対しては成立しないことも知られている．

状態空間が平面や球面の場合になぜ Poincaré-Bendixson の定理が成立するのか，詳しい説明は省くが，端的に述べれば，平面や球面上に閉曲線を描くと，その曲線を取り去った部分が内側と外側の二つの部分(連結成分)に分かれることが重要なポイントとなる．3次元以上の空間内に閉曲線を描いてもこのような分割は起こらないのは明らかである．また，トーラス面の場合も，閉曲線の位置によっては分割は起こらない．

定理3.9の系は，ある種の方程式に対して極限閉軌道が存在することを示すのにしばしば威力を発揮する．

例 3.18 電気回路のふるまいを記述する **van der Pol 方程式**

$$\ddot{x}+a(x^2-1)\dot{x}+x=0 \qquad (a>0) \tag{3.39}$$

を1階の正規形に直すと次のようになる．

$$\begin{cases} \dot{x}=y \\ \dot{y}=-x-a(x^2-1)y \end{cases} \tag{3.40}$$

これは平面上の力学系を定める．平衡点は原点のみである．原点における線形化方程式の係数行列の固有値は $(a\pm\sqrt{a^2-4})/2$ であるから，$0<a<2$ のとき原点は不安定渦状点となる．定理3.9の系より，原点以外の点から出発した解曲線は，極限閉軌道に近づくか，または無限遠方に逃げるか，どちらかの可能性しかない．実は後者の可能性はないことが証明できるので，結局，原点以外の

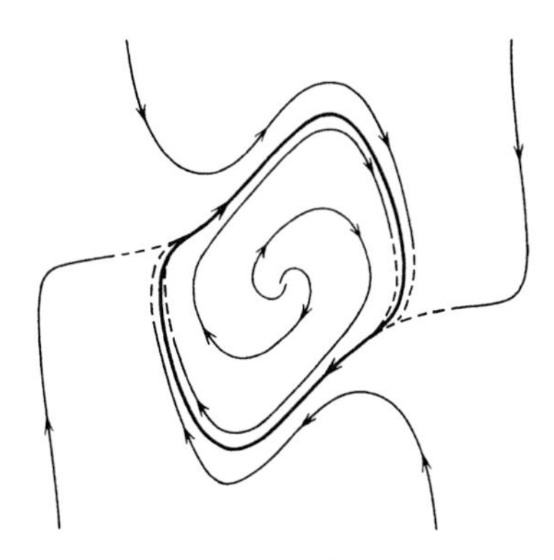

図 3.18 van der Pol 方程式に現れる極限閉軌道

点から出発した解曲線は必ず極限閉軌道に近づくことがわかる．言いかえれば，解は漸近的周期運動をする(図3.18)．これは，回路が規則正しい発振を行なうことに対応している． □

演習問題

3.1 実 2×2 行列 $A=\begin{pmatrix} a & b \\ c & d \end{pmatrix}$ が与えられているとする．また，A の固有値は $\alpha\pm i\beta$ $(\beta\neq0)$ であるとする．このとき，微分方程式 $\dot{x}=Ax$ の解曲線は，$c>0$ なら原点から見て反時計回りに，$c<0$ なら時計回りに回転することを示せ．

3.2 例3.6で扱った2種競合系

$$\begin{cases} \dot{x} = (K_1-ax-by)x \\ \dot{y} = (K_2-cx-dy)y \end{cases}$$

において，2種間の競合が弱い場合，すなわち $c/a<K_2/K_1<d/b$ の場合の相図の概形を描け．また，各平衡点の安定性を判定せよ．

3.3 Lotka-Volterra の生存競争モデル(えじきと補食者の系)を考える．

$$\begin{cases} \dot{x} = x(1-y) \\ \dot{y} = y(x-1) \end{cases}$$

(1) $J(x, y)=\log|x|+\log|y|-x-y$ が保存量であることを示せ．

(2) 相図の概形を描け．

3.4 Duffing 方程式 $\ddot{x}+a\dot{x}+x(x^2-1)=0$ を正規形

$$\begin{cases} \dot{x} = y \\ \dot{y} = -ay+x(1-x^2) \end{cases}$$

に書き直し，

$$J(x, y) = \frac{1}{4}(1-x^2)^2+\frac{1}{2}y^2$$

とおく(a は正定数)．

(1) J が Lyapunov 関数であることを示せ．

(2) 任意の解は平面内の有界な範囲にとどまる(すなわち無限遠方に逃げない)ことを示せ．

(3) 閉軌道は存在しないことを示せ．

(4) 相図の概形を描け．

3.5 定数 $c>0$ を適当に選ぶと，Lorenz 方程式

$$\begin{cases} \dot{x} = \sigma(y-x) \\ \dot{y} = \rho x - y - xz \qquad (\sigma, \beta, \rho \text{ は非負定数}) \\ \dot{z} = -\beta z + xy \end{cases}$$

の任意の解は，有限時間内に楕円体

$$\rho x^2 + \sigma y^2 + \sigma(z-2\rho)^2 \leqq c$$

の中に入り，しかも，いったん入ってしまうと二度と外に出られないようにできることを示せ．

3.6 φ_t を微分方程式系 $\dot{x}=f(x)$ が定める $\mathbf{R}^n$ 上の力学系(§3.5参照)とし，D を $\mathbf{R}^n$ 内の領域とする．また，

$$D(t) = \{\varphi_t(x) \mid x \in D\}$$

とおく．命題2.4を非線形方程式の場合に拡張し，体積変化の公式

$$\frac{\mathrm{d}}{\mathrm{d}t}|D(t)| = \int_{D(t)} \mathrm{div}\, f(x)\mathrm{d}x$$

を導け．(これは定理3.7の拡張にもなっている．)

3.7 微分方程式系

$$\begin{cases} \dot{x} = f(x, y) \\ \dot{y} = g(x, y) \end{cases}$$

が定める $\mathbf{R}^2$ 上の力学系を考える．もし $\mathbf{R}^2$ 上のほとんどいたる所で

$$\frac{\partial f}{\partial x} + \frac{\partial g}{\partial y} > 0$$

が成り立つならば，閉軌道が存在しないことを示せ(Bendixsonの判定条件)．

3.8 例3.8で扱った方程式 $\dot{x}=ax^3+xy$, $\dot{y}=-y+bx^2+cx^2y$ において，原点における中心多様体を5次のオーダーまで求め，それを利用して，$a+b=0$ の場合の原点の安定性を論じよ．

3.9 微分方程式系

$$\begin{cases} \dot{x} = x^3 \\ \dot{y} = -y + x^2 + 2x^2 y \end{cases}$$

の原点の中心多様体を具体的に求めよ．

3.10 等周問題(付録1の(1)参照)に対するEuler-Lagrange方程式を導き，面積の最大値を与える領域の境界は曲率一定の曲線(すなわち円)であることを示せ．ただし，そのような領域の存在と，その境界の滑らかさは仮定してよい．

3.11 $f(x, y)$ を滑らかな実数値関数とし，xyz 空間内で $z=f(x, y)$ が定める曲面を S とする．いま，S 上に相異なる2点A, Bを選び，A, Bを結ぶ S 上の曲線の

中で長さが最短になるものを求める問題を考える．曲線を t でパラメータ表示して $(x(t), y(t), f(x(t), y(t)))$ $(0 \leqq t \leqq 1)$ と表わすことにする．

(1) 曲線の長さは

$$\int_0^1 \sqrt{p(t)^2+q(t)^2+\{f_x(x(t), y(t))p(t)+f_y(x(t), y(t))q(t)\}^2}\,\mathrm{d}t$$

で与えられることを示せ．ここで $p=\dot{x}$, $q=\dot{y}$.

(2) 上の変分問題に対する Euler 方程式をたて，そこから次の関係式を導け．

$$(1+f_x{}^2+f_y{}^2)(q\ddot{x}-p\ddot{y}) = (f_{xx}p^2+2f_{xy}pq+f_{yy}q^2)(pf_y-qf_x)$$

(ただし $f_x=f_x(x, y)$, $f_y=f_y(x, y)$, $f_{xx}=f_{xx}(x, y)$ などと略記した)

(3) 上の曲線上の勝手な点 (x_0, y_0, z_0) を選び，点 (x_0, y_0, z_0) における曲面 S の接平面上に上の曲線を射影して得られる曲線を Γ とおくと，平面曲線 Γ の点 (x_0, y_0, z_0) における曲率は 0 に等しいことを(2)の関係式から導け．[注意：曲面上の曲線で上のような性質をもつものを**測地線**(geodesic)と呼ぶ.]

3.12 λ をパラメータとする $\mathbf{R}^4$ 上の微分方程式系

$$\begin{cases} \dot{x}_1 = \lambda x_1 - x_2 - (x_1{}^2+x_2{}^2)x_1 \\ \dot{x}_2 = \lambda x_2 + x_1 - (x_1{}^2+x_2{}^2)x_2 \\ \dot{x}_3 = (\lambda-1)x_3 - ax_4 - (x_3{}^2+x_4{}^2)x_3 \\ \dot{x}_4 = (\lambda-1)x_4 + ax_3 - (x_3{}^2+x_4{}^2)x_4 \end{cases}$$

を考える．ただし a は定数で，無理数であるとする．

(1) 上の方程式系は，$\lambda=0$ において Hopf 分岐(付録 2 の(2)参照)を起こすことを示せ．

(2) $\lambda=1$ においてトーラスの分岐(付録 2 の(3)および例 3.12 参照)が起こることを示せ．

3.13 x_0 を $\mathbf{R}^n$ 上の微分方程式 $\dot{x}=f(x)$ の平衡点とし，$A=f'(x_0)$ とおく．また，対称行列 $(A+A^*)/2$ (ただし A^* は A の転置行列)の固有値を大きいものから順に $\lambda_1, \lambda_2, \cdots, \lambda_n$ とする．もし行列 A と A^* が交換可能ならば，点 x_0 の Lyapunov 指数(付録 3 の(3))は，$\lambda_1, \lambda_2, \cdots, \lambda_n$ に等しいことを示せ．

付録1　変分法

(1)　変分法とは

関数に何らかのスカラーの値を対応させる写像を**汎関数**(functional)という．(以下，スカラー値とは実数値のことを指す．) 定積分

$$I[u]:=\int_a^b u(x)\,\mathrm{d}x$$

は簡単な汎関数の例である．さて，汎関数 $J[u]$ が与えられたとき，$J[u]$ の値を最小にするような(問題によっては最大にするような)関数 u を求める問題を**変分問題**(variational problem)という．また，変分問題に関わる方法や理論を総称して**変分法**(calculus of variations)という．

例 A1.1　空間 $\mathbf{R}^n$ 内に異なる 2 点 A, B が与えられているとする．A, B を結ぶ曲線の中で長さが最小のものを求めよ．

[変分問題としての定式化]　曲線を t でパラメータ表示しよう．ただし t は $0\leqq t\leqq 1$ の範囲を動くものとする．このとき，点 A, B を結ぶ $\mathbf{R}^n$ 内の滑らかな曲線全体の集合 X は

$$X=\{u\in C^1([0,1];\mathbf{R}^n)\,|\,u(0)=\mathrm{A},\ u(1)=\mathrm{B}\}$$

と表わされる．ここで $C^1([0,1];\mathbf{R}^n)$ は，区間 $[0,1]$ の上で定義された $\boldsymbol{C}^1$ **級**の(すなわち連続な導関数をもつ) $\mathbf{R}^n$ 値関数の全体を表わす．曲線 $u(t)$ の長さは

$$L[u]=\int_0^1|\dot{u}(t)|\,\mathrm{d}t \tag{A1.1}$$

で与えられるから，結局，X に属する u の中で $L[u]$ を最小にするものを求めればよい．これを象徴的に

$$\underset{u\in X}{\mathrm{Minimize}}\ L[u] \tag{A1.2}$$

と書くことがある．□

例 A1.2 (等周問題)　正の定数 l が与えられているとする．周囲(境界)の長さが l に等しい平面内の領域の中で，面積が最大のものを求めよ．

[変分問題としての定式化]　$\mathbf{R}^2$ 内の滑らかな閉曲線で長さが l に等しいもの全

体の集合は

$$Y=\{u\in C^1([0,1];\mathbf{R}^2)\mid u(0)=u(1),\ L[u]=l\}$$

と表わされる．一方，曲線 $u(t)$ が囲む領域の面積は

$$A[u]=\frac{1}{2}\int_0^1 \det(u(t),\ \dot{u}(t))\mathrm{d}t \tag{A1.3}$$

で与えられる．よって求めるべき領域の境界は次の変分問題

$$\underset{u\in Y}{\mathrm{Maximize}}\ A[u]$$

の解として得られる．　□

(2)　Euler 方程式

汎関数 $J[u]$ が次の形で与えられているとする．

$$J[u]=\int_a^b F(t,u(t),\ \dot{u}(t))\mathrm{d}t \tag{A1.4}$$

ここで，$a<b$ は与えられた実数，$F(t,u,p)$ はスカラー値(すなわち実数値)の関数である．例 A1.1 では u および $p(=\dot{u})$ は $\mathbf{R}^n$ 値，例 A1.2 では $\mathbf{R}^2$ 値であったが，簡単のため，今しばらく u,p がスカラーである場合を考える．一般の場合は，記号がやや煩雑になるものの，まったく同様に扱える．

さて，$\bar{u}(t)$ が変分問題

$$\underset{u\in X}{\mathrm{Minimize}}\ J[u] \tag{A1.5}$$

の解であるとしよう．ここで

$$X=\{u\in C^1([a,b];\mathbf{R})\mid u(a)=\alpha,\ u(b)=\beta\}$$

とする．ただし α,β は与えられた実数である．

$$X_0=\{\varphi\in C^1([a,b];\mathbf{R})\mid \varphi(a)=\varphi(b)=0\}$$

とおくと，任意の $\varphi\in X_0$ と任意の実数 ε に対して関数 $\bar{u}+\varepsilon\varphi$ は X に属するので，

$$J[\bar{u}+\varepsilon\varphi]$$

は $\varepsilon=0$ のとき最小値をとる．これより

$$\frac{\mathrm{d}}{\mathrm{d}\varepsilon}J[\bar{u}+\varepsilon\varphi]|_{\varepsilon=0}=0$$

上式の左辺を計算すると，

$$\int_a^b\{F_u\varphi+F_p\dot{\varphi}\}\mathrm{d}t$$

部分積分により，これは次のように変形できる．

$$\int_a^b \left\{F_u - \frac{\mathrm{d}}{\mathrm{d}t}F_p\right\}\varphi\,\mathrm{d}t$$

X_0 に属する任意の関数 $\varphi(t)$ に対して上の値が 0 となるためには，

$$F_u(t,\,\bar{u}(t),\,\dot{\bar{u}}(t)) - \frac{\mathrm{d}}{\mathrm{d}t}F_p(t,\,\bar{u}(t),\,\dot{\bar{u}}(t)) = 0 \qquad \text{(A1. 6)}$$

でなければならないことが知られている．(A1. 6) は $\bar{u}$ についての 2 階の常微分方程式となる．これを，変分問題 (A1. 5) に対する **Euler 方程式**と呼ぶ．(A1. 6) は，$\bar{u}$ が変分問題 (A1. 5) の解であるための必要条件にすぎず，十分条件ではないが，これにより解の候補をかなり絞り込むことができる．

なお，u がベクトル値の場合は，(A1. 4) は

$$J[u] = \int_a^b F(t,\,u_1(t),\,\cdots,\,u_n(t),\,\dot{u}_1(t),\,\cdots,\,\dot{u}_n(t))\,\mathrm{d}t$$

と書ける．容易にわかるように，この場合の Euler 方程式は

$$F_{u_j}(t,\,u_1,\,\cdots,\,u_n,\,\dot{u}_1,\,\cdots,\,\dot{u}_n) - \frac{\mathrm{d}}{\mathrm{d}t}F_{p_j}(t,\,u_1,\,\cdots,\,u_n,\,\dot{u}_1,\,\cdots,\,\dot{u}_n) = 0$$

$$(j = 1, 2, \cdots, n) \qquad \text{(A1. 7)}$$

という連立方程式になる．

さて，例 A1. 1 に対する Euler 方程式を導こう．

$$F = \sqrt{p_1{}^2 + \cdots + p_n{}^2}$$

であるから，

$$F_{u_j} - \frac{\mathrm{d}}{\mathrm{d}t}F_{p_j} = -\frac{\mathrm{d}}{\mathrm{d}t}\frac{\dot{u}_j}{\sqrt{\dot{u}_1{}^2 + \cdots + \dot{u}_n{}^2}} = 0$$

これが Euler 方程式である．これより

$$\frac{\dot{u}_j}{\sqrt{\dot{u}_1{}^2 + \cdots + \dot{u}_n{}^2}} = c_j \qquad (j = 1,\,\cdots,\,n)$$

を得る．ただし c_j は任意定数である．したがって，ベクトル $\dot{u}(t) = (\dot{u}_1(t), \cdots, \dot{u}_n(t))$ の向きは一定である．これはすなわち，曲線 $u(t)$ が実はまっすぐな線分であることを示している．

例 A1. 3 (Fermat の原理)　均質でない媒体中を進む光の径路は，必ずしも直線的にはならない．いま，1 本の光の径路が与えられているとして，この径路上に勝手な 2 点 A, B をとる．点 A, B を結ぶあらゆる仮想的径路を考え，点 A から点 B に達する所要時間を各径路上で計算すると，実際の光の径路に対してこの所要時間が最小(あるいは極小)になる．これを **Fermat の原理**という．

Fermat の原理に基づいて，光の径路を計算してみよう．簡単のため，xy 平面内

に広がる媒体が y 方向には均質であると仮定し，点 (x, y) における光速を $c(x)$ とする．点 (a, α) と (b, β) を結ぶ光の径路が関数 $y=y(x)$ のグラフで表わされるとすると，所要時間は

$$I[y] = \int_a^b \frac{1}{c(x)}\sqrt{1+\left(\frac{\mathrm{d}y}{\mathrm{d}x}\right)^2}\,\mathrm{d}x$$

で与えられる．この汎関数に対する Euler 方程式は

$$-\frac{\mathrm{d}}{\mathrm{d}x}\left[\frac{1}{c(x)}\frac{\dfrac{\mathrm{d}y}{\mathrm{d}x}}{\sqrt{1+\left(\dfrac{\mathrm{d}y}{\mathrm{d}x}\right)^2}}\right] = 0 \tag{A1.8}$$

となる．これより，

$$\frac{\mathrm{d}y}{\mathrm{d}x}\Big/\sqrt{1+\left(\frac{\mathrm{d}y}{\mathrm{d}x}\right)^2} = Kc(x) \qquad (K \text{ は積分定数})$$

を得る．いま，曲線が x 軸の正の向きとなす角度を θ とおくと，$\mathrm{d}y/\mathrm{d}x=\tan\theta$ であるから，上式は

$$\sin\theta = Kc(x) \tag{A1.9}$$

と変形できる(図 A1.1)．定数 K の値は，光の径路ごとに異なり得る．もし $c(x)$ が定数であれば，すなわち媒体が平面全体で均質であれば，(A1.9)より光の径路は直線であることがわかる．なお，(A1.9)から，屈折角に関してよく知られた 'Snell の法則' がただちに導かれるが，詳細は読者に委ねる．　□

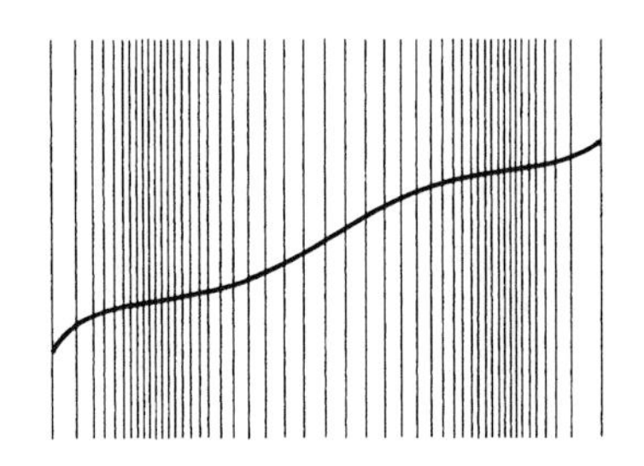

図 A1.1　不均質媒体中の光の径路：直線の疎密が，媒体中の光速の大小を表わす．(疎――速い，密――遅い)

(3)　Euler-Lagrange 方程式

例 A1.2 の等周問題は，周長が与えられた値 l に等しいという条件下で領域の面積を最大にする問題であった．これは，より一般化して次のように定式化できる．

問題　いま，$F(t, u, p)$, $G(t, u, p)$ を与えられた関数とし，l を与えられた実数とする．このとき，

$$\int_a^b G(t, u(t), \dot{u}(t))\,\mathrm{d}t = l \tag{A1.10}$$

なる条件のもとで汎関数(A1.4)を最小(問題によっては最大)にするような u を求めよ．　□

上のような変分問題を制約条件つき変分問題といい，(A1.10)を**制約条件**と呼ぶ．式(A1.6)を導いたのと同様に議論すると，u が上の変分問題の解であれば，

$$\int_a^b \left\{G_u - \frac{\mathrm{d}}{\mathrm{d}t}G_p\right\}\varphi\,\mathrm{d}t = 0$$

を満足する任意の関数 $\varphi(t) \in X_0$ に対して

$$\int_a^b \left\{F_u - \frac{\mathrm{d}}{\mathrm{d}t}F_p\right\}\varphi\,\mathrm{d}t = 0$$

が成り立たねばならないことが導かれる．これから，適当な定数 λ が存在して

$$F_u - \frac{\mathrm{d}}{\mathrm{d}t}F_p = \lambda\left(G_u - \frac{\mathrm{d}}{\mathrm{d}t}G_p\right) \tag{A1.11}$$

が成り立つことがわかる．

$u(t)$ についての微分方程式(A1.11)を **Euler-Lagrange** 方程式という．なお，λ を **Lagrange 乗数**と呼ぶ．

例 A1.4 (懸垂線)　例1.9で扱った懸垂線の方程式を変分法の考え方を用いて導出しよう．まず，電線の長さは与えられているから，制約条件

$$\int_a^b \sqrt{1+\left(\frac{\mathrm{d}u}{\mathrm{d}x}\right)^2}\,\mathrm{d}x = l \tag{A1.12}$$

が成り立たねばならない．一方，電線は，位置エネルギー

$$J[u] = \rho g\int_a^b u\sqrt{1+\left(\frac{\mathrm{d}u}{\mathrm{d}x}\right)^2}\,\mathrm{d}x$$

を最小にするような形状をとると考えられる．ここで ρ は電線の線密度，g は重力加速度を表わす．公式(A1.11)を適用して，微分方程式

$$\sqrt{1+(u')^2} - \left(\frac{uu'}{\sqrt{1+(u')^2}}\right)' = -\lambda\left(\frac{u'}{\sqrt{1+(u')^2}}\right)'$$

を得る．これを整理すると

$$(u-\lambda)\,u'' = 1+(u')^2 \tag{A1.13}$$

となり，さらに変形すると(1.40)の形になる(各自確かめよ)．　□

付録2　解の分岐

何らかのパラメータ(環境変数) λ を含んだ微分方程式が与えられたとしよう．λ の値を連続的に変化させると，ある特定の値を越えたところで突如，解の構造に質的な変化が生じることがある．このような現象を解の**分岐**(bifurcation)と呼ぶ．物質の相転移，弾性体の座屈，静止流体中での対流の発生など，自然界のいとなみは，しばしば‘旧来の秩序の破壊と新しい秩序の形成’という形で進行する．こうした現象の多くは，数学的には解の分岐という観点からとらえることができる．

(1)　平衡点の分岐

例 A2.1　方程式 $-x^3+\lambda x=0$ の解は，

(i)　$\lambda \leqq 0$ のとき　　$x=0$

(ii)　$\lambda > 0$ のとき　　$x=0, \pm\sqrt{\lambda}$

で与えられる．$\lambda=0$ を境に解の個数が変化するので，ここで分岐が起こる．ちなみに，$x=0$ は λ の値にかかわらず常に解であることは明らかであり，これをこの方程式の**自明解**と呼ぶことがある．これに対し，$x=\pm\sqrt{\lambda}$ を**分岐解**と呼ぶ．　□

例 A2.2　次の微分方程式系を考える．

$$\begin{cases} \dot{x} = \lambda x-(x^2+y^2)x \\ \dot{y} = (\lambda-1)y-(x^2+y^2)y \end{cases} \tag{A2.1}$$

平衡点は次の方程式を解いて得られる．

$$\begin{cases} \lambda x-(x^2+y^2)x = 0 \\ (\lambda-1)y-(x^2+y^2)y = 0 \end{cases} \tag{A2.2}$$

簡単な計算により，(A2.2)の解は以下で与えられる．

(i)　$\lambda \leqq 0$ のとき　　$(x, y)=(0,0)$

(ii)　$0<\lambda \leqq 1$ のとき　　$(x, y)=(0,0), (\pm\sqrt{\lambda}, 0)$

(iii)　$\lambda > 1$ のとき　　$(x, y)=(0,0), (\pm\sqrt{\lambda}, 0), (0, \pm\sqrt{\lambda-1})$

上の各場合について，(A2.1)の相図を描くと図 A2.1 のようになる．一方，図 A2.2 では，λ を連続的に変えると(A2.2)の解の構造がどう変化するかを示した．この図ではパラメータ λ を横軸にとり，縦軸が xy 平面を象徴的に表わしている．(立体

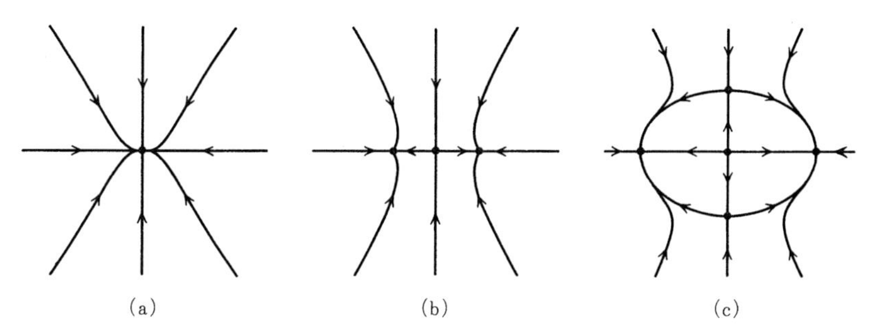

図 A2. 1　微分方程式系(A2. 1)の相図：(a) $\lambda=-0.5$，(b) $\lambda=0.5$，(c) $\lambda=2$

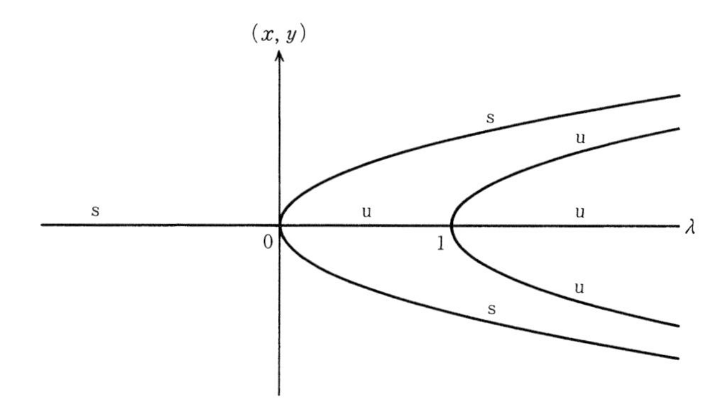

図 A2. 2　(A2. 2)の分岐図式．安定解を‘s’で，不安定解を‘u’で表示した．

図が描きにくいのでこのような概念図を描いた．より高次元の場合も通例同じような描き方をする．)

図 A2. 2 の中で分岐が起こっている箇所，すなわち，$(x, y, \lambda)=(0, 0, 0)$ および $(x, y, \lambda)=(0, 0, 1)$ を**分岐点**(bifurcation point)と呼ぶ．また，図 A2. 2 を方程式(A2. 2)の**分岐図式**(bifurcation diagram)という．この例においても，原点 $(x, y)=(0, 0)$ が自明解であり，それ以外の解が分岐解であるとみなしてよい．なお，上の分岐図式の中で，分岐解の集合は曲線を描いている(曲線 $x=\pm\sqrt{\lambda}$ および $y=\pm\sqrt{\lambda-1}$)．このような曲線を**分岐の枝**と呼ぶ．　□

さて，より一般のパラメータつきの微分方程式系

$$\frac{\mathrm{d}x}{\mathrm{d}t}=f(x, \lambda) \tag{A2. 3}$$

を考えよう．x, f はともに $\mathbf{R}^n$ 値とする．(A2. 3)の平衡点は方程式 $f(x, \lambda)=0$ の解

として与えられる．いま，(x_0, λ_0) をそのような点のひとつとすると，(3.7)を導いたのと同様にして，点 (x_0, λ_0) の近傍で f は

$$f(x_0+y, \lambda_0+\mu) = Ay+B\mu+R(y, \mu)$$

$$\left(\text{ただし } A=\frac{\partial f}{\partial x}(x_0, \lambda_0),\ B=\frac{\partial f}{\partial \lambda}(x_0, \lambda_0),\ R \text{ は高次項}\right)$$

と変形できる．ここで，$\partial f/\partial x$ は $\mathbf{R}^n$ 値関数 f を $\mathbf{R}^n$ 値変数 x で微分した微分行列(3.6)を表わす．もし行列 A が可逆であるとすると，陰関数定理から，方程式 $f(x_0+y, \lambda_0+\mu)=0$ は y, μ が十分小さいとき y について解けて，解は

$$y = -A^{-1}B\mu+r(\mu) \qquad (r \text{ は高次項})$$

と μ の1価関数で表示される．したがって，解集合

$$S = \{(x, \lambda) \in \mathbf{R}^n \times \mathbf{R} \mid f(x, \lambda)=0\}$$

は，点 (x_0, λ_0) の近くでは枝分かれしない1本の曲線になっている．すなわち，(x_0, λ_0) は分岐点ではない．このことから，もし (x_0, λ_0) が分岐点であれば，

$$\det\left(\frac{\partial f}{\partial x}(x_0, \lambda_0)\right) = 0 \qquad \text{(A2. 4)}$$

が成り立たねばならないことがわかる．(A2. 4)は，分岐点の候補を探すのに大変役立つ条件である．たとえば例 A2. 2 で扱った方程式の場合，原点 $(x, y)=(0, 0)$ において $\det A=\lambda(\lambda-1)$ となるので，自明解からの分岐は $\lambda=0, \lambda=1$ 以外のところでは起こらないことが(A2. 4)からただちにわかる．

ところで，例 A2. 2 では分岐の枝は分岐点の右側，すなわち λ 軸の正の向きに伸びていたが，必ずしもこうなるとは限らない．例えば方程式

$$\dot{x} = x^3+\lambda x \qquad \text{(A2. 5)}$$

の場合，平衡点の分岐図式は図 A2. 3(a)のようになるし，

$$\dot{x} = x^2+\lambda x \qquad \text{(A2. 6)}$$

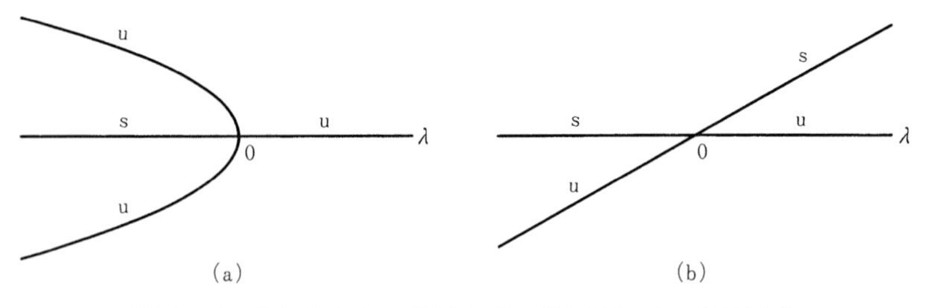

図 A2. 3　(a) (A2. 5)の分岐図式，(b) (A2. 6)の分岐図式

であれば，平衡点の分岐図式は図 A2.3(b)のようになる．図 A2.2 のような分岐を**超臨界分岐**または**スーパークリティカル分岐**(supercritical bifurcation)，図 A2.3(a)のような分岐を **亜臨界分岐** または **サブクリティカル分岐**(subcritical bifurcation)と呼ぶことがある．分岐解の安定性も，分岐の種類によって異なることが図から読みとれる．

(2) Hopf 分岐

これまで平衡点の分岐について見てきたが，周期解の分岐も起こり得る．例えば §3.4 の例 3.5 で扱った方程式

$$\begin{cases} \dot{x} = \varepsilon x - y - (x^2+y^2)x \\ \dot{y} = x + \varepsilon y - (x^2+y^2)y \end{cases} \tag{A2.7}$$

の場合，相図の概形は 図 A2.4 のようになる．ε が負から正に変わるとき，閉軌道(半径 $\sqrt{\varepsilon}$ の円)が原点から分岐する．図 A2.5 にこの分岐図式を示した．

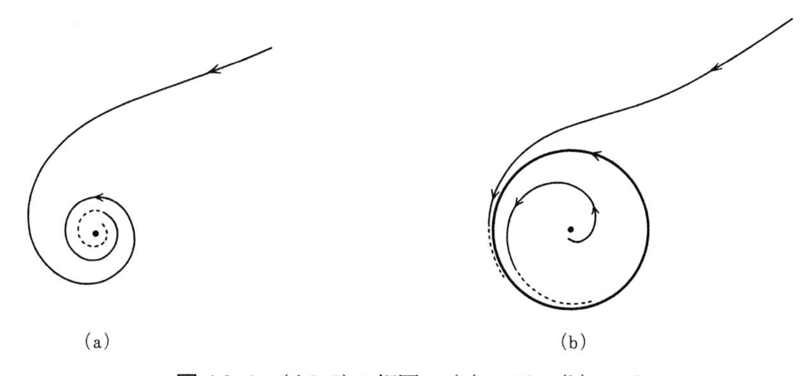

図 A2.4　(A2.7)の相図：(a) $\varepsilon<0$，(b) $\varepsilon>0$

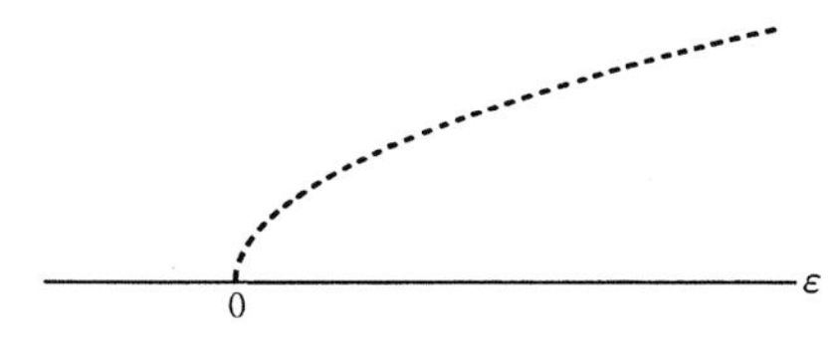

図 A2.5　(A2.7)の分岐図式(Hopf 分岐)．実線上の各点は平衡点を表わし，点線上の各点は閉軌道の分岐解を象徴的に表わす．

(A2.7)を $(x, y)=(0,0)$ において線形化すると，係数行列の固有値は

$$\varepsilon \pm \mathrm{i}$$

となる．よって，パラメータ ε が分岐点（いまの場合 $\varepsilon=0$）を通過するとき，互いに共役な虚数固有値の対がちょうど複素平面上の虚軸を横切る．一般に，固有値がこのような挙動をすると，平衡点からしばしば周期解（閉軌道）が分岐することが知られている．このようにして起こる周期解の分岐を **Hopf 分岐**と呼ぶ．

(3)　その他の分岐

常微分方程式における分岐は，平衡点の分岐と Hopf 分岐が最も頻度が高くなじみの深いものであるが，これ以外にもさまざまなタイプが知られている．代表的なものを掲げると以下の通りである．

(i)　**周期倍化**(period doubling)　これは，周期解の周期が突如2倍になる現象である．より正確に述べると，パラメータがある臨界点を越えたとき，それまで安定であった閉軌道が不安定化し，かわりに新たな安定閉軌道がそこから分岐する．この新たな閉軌道は，分岐直後の状態を見るかぎり，もとの閉軌道とほぼぴったり重なる位置にあるが，奇数周目と偶数周目でわずかに異なる径路をたどるため，その周期はもとの閉軌道の周期のほぼ2倍になる．パラメータの値をさらに変えていくと，分岐した閉軌道の形状の変化は，はじめの閉軌道にぴったりと2重に巻きついていた輪が次第にほぐれていくような過程をたどる．なお，周期倍化現象は，1回に終わらず次々とたて続けに起こることがよくある．

(ii)　**トーラスの分岐**　閉軌道がトーラスに分岐する現象で，周期運動から2重周期運動(§3.6の例3.12)への変化を表わす．

(iii)　**ホモクリニク軌道からの分岐**　ホモクリニク軌道とは，$t\to\pm\infty$ のとき同一の平衡点に収束するような軌道を指す．これが変形を受けて壊れると，しばしば周辺に閉軌道（場合によっては，より複雑な軌道）が出現する（図A2.6）．図A2.6(a)，(c)に示した閉軌道は，Hopf 分岐で生じたものと異なり，平衡点からかなり離れた場所に，いきなり大きなサイズで出現している．

このほか，多重周期解や，さらに複雑な運動をひき起こす分岐現象も存在する．

なお，相空間の次元が3以上の系においては，ホモクリニク軌道からの分岐は一般に非常に複雑な構造をしており，系にカオス的なふるまい（付録3）をひき起こす重要な引き金となることが知られている．

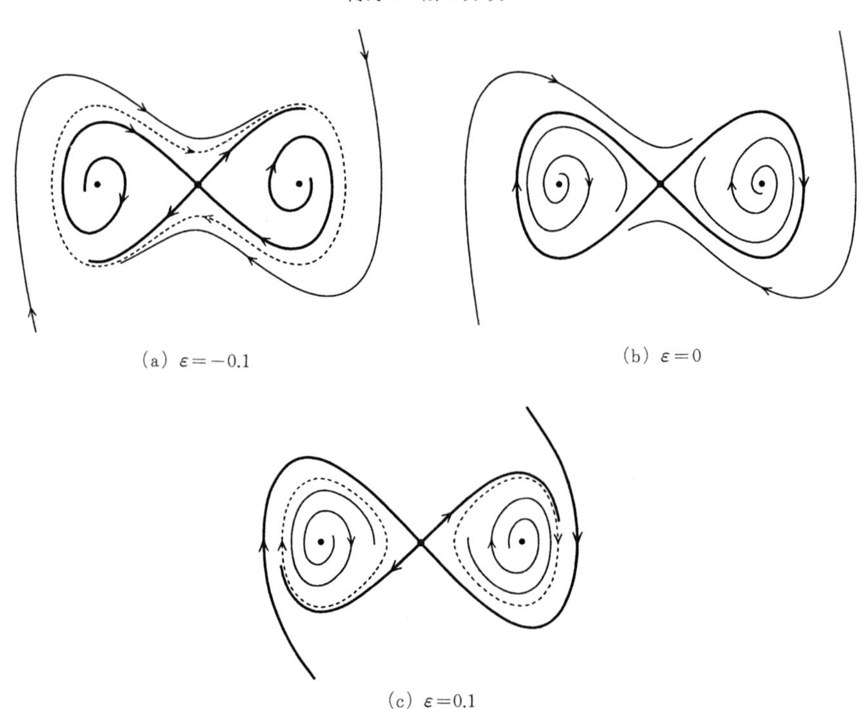

(a) $\varepsilon=-0.1$

(b) $\varepsilon=0$

(c) $\varepsilon=0.1$

図 A2.6　ホモクリニク軌道からの周期解の分岐： $\ddot{x}=x(1-x^2)-f(x,\dot{x})\dot{x}-\varepsilon\dot{x}$ (ただし $f(x,y)=\{(1-x^2)^2-1\}/2+y^2$)の相図を表わす．太い実線はセパラトリクス．(b)ではホモクリニク軌道が現れる(構造不安定)．(a)，(c)の点線は分岐した極限閉軌道．

付録3　ストレンジ・アトラクター

(1)　Lorenz 方程式

例 A3.1　$\sigma, \rho, \beta \geqq 0$ を定数として，$\mathbf{R}^3$ 上の次の微分方程式系を考える．

$$\begin{cases} \dot{x} = \sigma(y-x) \\ \dot{y} = \rho x - y - xz \\ \dot{z} = -\beta z + xy \end{cases}$$

これはそもそも，対流のふるまいを記述する数理モデルとして E. N. Lorenz によって研究された方程式である．係数を適当な範囲から選ぶと，解の挙動はきわめて複雑になることが知られている(図 A3.1)．図中の蝶が羽根を広げたような図形は，1本の軌道のふるまいを長時間追跡したものであり，時間がたつにつれ，次第に特定の図形が浮かび上がってくるのが観察される．面白いことに，初期値をさまざまに変えても，最終的には基本的に同じ図形が現れる．このことから，この図形は，

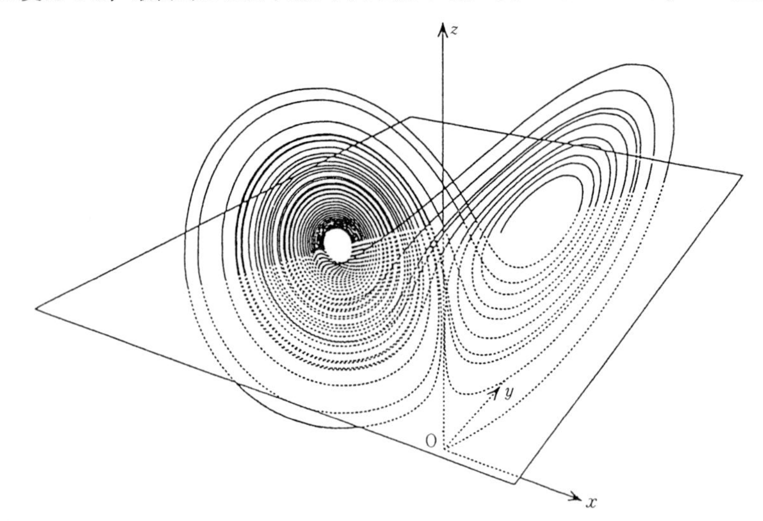

図 A3.1　Lorenz アトラクター：$\sigma=10,\ \rho=28,\ \beta=8/3$

何らかの意味で強い安定性をもっていると考えられる．　□

(2)　アトラクター

状態空間 X の上の力学系 φ_t が与えられたとする．X 内の図形(閉部分集合) S が**アトラクター**(attractor)であるとは，次の条件がみたされることをいう．

(i)　S は不変集合である(§3.6(b)参照)．

(ii)　S は**吸引集合**(attracting set)である．すなわち，S の近傍 U で正不変なものが存在し，U 内から出発した軌道はすべて S に引き寄せられる．

(iii)　S は**推移的**(transitive)である．すなわち，S 上を‘すき間なく’(稠密に)埋めつくすような軌道が少なくとも1個存在する．

例えば，漸近安定な平衡点(定義3.1)や図1.11の閉軌道はアトラクターである．また，例3.12に登場したトーラスも上の意味でアトラクターになっていることが容易に確かめられる．

アトラクター上の解の挙動が**カオス的**(chaotic)であるとき，このアトラクターを**ストレンジ・アトラクター**(strange attractor)または**奇妙なアトラクター**と呼ぶ．何をもって‘カオス’の定義とするかについては，いろいろな流儀があり，確定した普遍的定義はない．Lyapunov指数やエントロピーを用いた特徴づけや，より‘幾何学的’な特徴づけが知られている．詳細については成書を参照されたい．なお，ストレンジ・アトラクターは，状態空間の次元が2以下の微分方程式系には出現しないことが，Poincaré-Bendixsonの定理(§3.8参照)などからわかる．

例A3.1で与えた図形は**Lorenzアトラクター**と呼ばれ，これはストレンジ・アトラクターである．ストレンジ・アトラクターの例はほかにも数多く知られている．比較的古くから研究されていたものとしては，外力項をもつDuffing方程式における**Japaneseアトラクター**が有名である．名称の由来は，これが1960年代前半に日本人(上田睆亮ら)によって発見されたことによる．

注意A3.1　アトラクターの定義は実はひと通りではなく，上記(iii)の性質(推移性)を要求しない場合も多いので注意を要する．例えば，‘散逸系’と呼ばれる力学系のクラスでよく問題にされる‘大域アトラクター’は一般に推移的でない．これに対し，ストレンジ・アトラクターを扱う文脈中では通例推移性が(しばしば暗黙のうちに)仮定される．

(3) Lyapunov 指数

カオス的ふるまいの特徴のひとつは，解の挙動の長期的予測の困難性にある．これは言いかえれば，アトラクター S が，ひとつの集合として見ればきわめて安定であるにもかかわらず，その上の個々の軌道に着目すれば非常に不安定である情況といえる．軌道の不安定性を測る尺度として，Lyapunov 指数は大変扱いやすく，よく用いられる．

いま，$\bar{x}(t)$ を $\mathbf{R}^n$ 上の方程式

$$\frac{\mathrm{d}x}{\mathrm{d}t} = f(x) \tag{A3.1}$$

の解とし，各 $t \geqq 0$ に対し，点 $\bar{x}(t)$ における f の‘微分’(§3.3(3.6)参照)を

$$A(t) = f'(\bar{x}(t))$$

とおく．時刻 $t=0$ において初期値 $\bar{x}(0)$ に小さな摂動を加えて得られる(A3.1)の解を $\bar{x}(t)+y(t)$ と書くことにすると，

$$\frac{\mathrm{d}}{\mathrm{d}t}(\bar{x}+y) = f(\bar{x}+y)$$

から，次式が導かれる．

$$\frac{\mathrm{d}y}{\mathrm{d}t} = A(t)y + (\text{高次項}) \tag{A3.2}$$

$y(t)$ は，初期時刻に摂動を受けた解とはじめの解との差を表わす．いま，軌道の安定性というきわめて局所的な性質を問題にしているので，摂動の大きさを形式的に無限小とおいてみると，(A3.2)の高次項が無視できて，$y(t)$ は線形化方程式

$$\frac{\mathrm{d}y}{\mathrm{d}t} = A(t)y \tag{A3.3}$$

をみたすと考えてよい．(A3.3)の解 $y(t)$ の大きさがどれぐらいの速さで増大するか，あるいは減衰するかを調べれば，もとの解 $\bar{x}(t)$ の安定性の度合いが評価できる．しかしながら，$y(t)$ の増大(あるいは減衰)する速さは方向によって一様でなく，しかもどの方向で増大度が最も速いか(あるいは遅いか)も，時間とともに刻々と変化し得ることには留意する必要がある．

いま，実数 $\mu_1 \geqq \mu_2 \geqq \cdots \geqq \mu_n$ を次のように定義する．まず，

$$\mu_1 = \limsup_{t\to\infty} \frac{1}{t} \log\left(\sup_{|y(0)|\neq 0} \frac{|y(t)|}{|y(0)|} \right)$$

と定める．ここで，右端の‘sup’は，$|y(0)| \neq 0$ をみたす(A3.3)の解全体についての

上限をとることを意味する．次に μ_2 を次式で定める．

$$\mu_1+\mu_2=\limsup_{t\to\infty}\frac{1}{t}\log\left(\sup_{|y^1(0)\wedge y^2(0)|\neq 0}\frac{|y^1(t)\wedge y^2(t)|}{|y^1(0)\wedge y^2(0)|}\right)$$

ここで，$|y^1\wedge y^2|$ はベクトル y^1, y^2 の定める平行四辺形の面積を表わす．以下同様に

$$\mu_1+\cdots+\mu_k=\limsup_{t\to\infty}\frac{1}{t}\log\left(\sup_{|y^1(0)\wedge\cdots\wedge y^k(0)|\neq 0}\frac{|y^1(t)\wedge\cdots\wedge y^k(t)|}{|y^1(0)\wedge\cdots\wedge y^k(0)|}\right)$$

$(k=1,\cdots,n)$ とおくことで，帰納的に $\mu_1,\cdots,\mu_n$ が定まる．ただしここで，$|y^1\wedge\cdots\wedge y^k|$ は，ベクトル $y^1,\cdots,y^k$ で張られる k 次元平行多面体の k 次元体積を表わす．こうして得られた各実数 μ_k を(A3.1)の解 $\bar{x}(t)$ の **Lyapunov 指数**または **Lyapunov 数**と呼ぶ．また，実数の列 $\mu_1\geqq\cdots\geqq\mu_n$ を **Lyapunov スペクトル**と呼ぶ．

大ざっぱに言えば，$\mu_1<0$ であれば解軌道 $\bar{x}(t)$ は安定であり，$\mu_1>0$ であれば $\bar{x}(t)$ は不安定である．（この事実は，平衡点の安定性に関する定理3.2の結果のある意味での一般化である．）また，$\mu_1+\cdots+\mu_k>0$ であれば，解軌道 $\bar{x}(t)$ に密着した k 次元図形で，時間の経過とともにその(k 次元)体積が増加するものがある．何個の Lyapunov 指数が正であるのか，また，$\mu_1+\cdots+\mu_k\geqq 0$ をみたす整数 k の中で最大のものは何か，などを探ることにより，解軌道の安定性についてのさまざまな定量的評価が得られる．

なお，前に述べたように，ストレンジ・アトラクターの確定した定義はないが，アトラクター上の軌道が $\mu_1>0$ をみたすことをひとつの判定基準とすることが多い．

注意 A3.2　B を任意の実 $n\times n$ 行列とすると，一般に

$$\sup_{|\eta^1\wedge\cdots\wedge\eta^k|\neq 0}\frac{|B\eta^1\wedge\cdots\wedge B\eta^k|}{|\eta^1\wedge\cdots\wedge\eta^k|}=\lambda_1(\sqrt{B^*B})\cdots\lambda_k(\sqrt{B^*B})$$

が成り立つ．ここで B^* は B の転置行列を表わし，

$$\lambda_1(X)\geqq\lambda_2(X)\geqq\cdots\geqq\lambda_n(X)$$

は $n\times n$ 実対称行列 X の固有値を表わす．したがって，微分方程式(A3.3)の素解を $\Phi(t,s)$ とし，$X(t)=\sqrt{\Phi(t,0)^*\Phi(t,0)}$ とおくと，各 $k=1,\cdots,n$ に対して次式が成立することがわかる．

$$\mu_1+\cdots+\mu_k=\limsup_{t\to\infty}\frac{1}{t}\log(\lambda_1(X(t))\cdots\lambda_k(X(t)))\qquad\text{(A3.4)}$$

実際の Lyapunov 指数の計算は，式(A3.4)を用いて実行されることが多い．

参考書

常微分方程式関連の図書の数は膨大であり，ここでそのすべてを紹介することはできないが，本書を読み終えた読者が，さらに詳しい理論を学んだり，視野を広げたりするのに役立ちそうな参考書を幾つか掲げておこう．なお，これら以外にも多数の良書があることをお断りしておく．

まず，本書では厳密性よりも「本質の理解」に重点をおいたので，解の存在定理の証明は概略を述べるにとどめたが，これについては

[1] 笠原晧司，微分方程式の基礎，朝倉書店，1982.

[2] 島倉紀夫，常微分方程式，裳華房，1988.

に詳しい記述がある．[1]は定性的理論も取り扱っている．[2]の内容は大学院向けのテーマも多く，初学者にはやや読みづらいかもしれないが，固有値問題や特殊関数について詳しく解説している．とくに本書では割愛したスツルム・リウヴィル問題も扱われている．また，

[3] V.I. アーノルド，常微分方程式，足立正久・今西英器訳，現代数学社，1981.

[4] E. A. コディントン・N. レヴィンソン，常微分方程式論(上・下)，吉田節三訳，吉岡書店，1968，1969.

も理論面での優れた参考書である．[3]は豊富な幾何学的な視点を用いた解説に特色がある．[4]は書かれた時代はややさかのぼるが(原著は1955年出版)，常微分方程式論の古典的名著であり，その後出版された数多くの教科書がこの本のスタイルを取り入れている．初学者にはやや重いかもしれないが，基礎から高度な理論まで，非常に幅広いテーマが扱われている．

[5] 中井三留，微分方程式の解き方，学術図書出版社，1992.

は，常微分方程式の解法を詳しく解説している．

[6] S. ウィギンズ，非線形の力学系とカオス：新装版，丹羽敏雄監訳，シ

ュプリンガー・フェアラーク東京，2000.

は，常微分方程式の定性的理論，とりわけカオティックな解のふるまいや分岐理論を系統的に学ぶのに適した本である．応用面では，

[7] 佐藤總夫，自然の数理と社会の数理(I, II)，日本評論社，1984，1987.

[8] D. N. バージェス・M. S. ボリー，微分方程式で数学モデルを作ろう，垣田高夫・大町比佐栄訳，日本評論社，1990.

[9] M. ブラウン，微分方程式：その数学と応用(上・下)，一樂重雄[ほか]訳，シュプリンガー・フェアラーク東京，2001.

が，自然界や社会のさまざまな現象を常微分方程式を用いて解析しており，興味深い話題も数多く取り上げられている．

演習問題解答

第1章

1.1 (1) 略.

(2) 微分方程式を解くと $x(t)=Ce^{-\frac{w}{V}t}$. よって,

$$\frac{x(t_2)}{x(t_1)}=e^{-\frac{w}{V}(t_2-t_1)}=e^{-\frac{W}{V}}$$

とくに $W=V$ のとき，この比は e^{-1} となる.

(3)

$$\frac{x(t_2)}{x(t_1)}=e^{-\frac{1}{V}\int_{t_1}^{t_2}w(t)\mathrm{d}t}=e^{-\frac{W}{V}}$$

1.2 $u''=u^3-u$ の両辺に $2u'$ を掛けて積分すると $(u')^2=\frac{1}{2}u^4-u^2+C$. $x\to-\infty$ のとき $u(x)\to-1$ より，$(u')^2\to C-\frac{1}{2}\ (x\to-\infty)$. これより $C=\frac{1}{2}$. よって，$(u')^2=\frac{1}{2}u^4-u^2+\frac{1}{2}=\frac{1}{2}(1-u^2)^2$，すなわち，$u'=\pm\frac{1}{\sqrt{2}}(1-u^2)$. これを解いて，$u(x)\to\pm1\ (x\to\pm\infty)$ を考慮すると，

$$u(x)=\frac{e^{\sqrt{2}(x-x_0)}-1}{e^{\sqrt{2}(x-x_0)}+1}=\tanh\frac{x-x_0}{\sqrt{2}}\qquad (x_0\text{ は任意定数})$$

1.3 (1) 方程式の両辺に $\dot{\theta}$ を掛けて積分すると，

$$\frac{1}{2}\dot{\theta}^2=a\cos\theta+C$$

$\theta=\theta_0$ で $\dot{\theta}=0$ となることから，$C=-a\cos\theta_0$. よって，$\dot{\theta}^2=2a(\cos\theta-\cos\theta_0)$，すなわち，$\dot{\theta}=\pm\sqrt{2a}\sqrt{\cos\theta-\cos\theta_0}$. $\theta(t)$ が $-\theta_0$ から θ_0 に変化するときは $\dot{\theta}>0$ ゆえ，

$$\frac{1}{\sqrt{2a}}\frac{\mathrm{d}\theta}{\sqrt{\cos\theta-\cos\theta_0}}=\mathrm{d}t$$

よって，

$$\frac{1}{\sqrt{2a}}\int_{-\theta_0}^{\theta_0}\frac{\mathrm{d}\theta}{\sqrt{\cos\theta-\cos\theta_0}}=\frac{1}{2}T(\theta_0)$$

(2)　$2\pi/\sqrt{a}$.

1.4　曲線 $a^2x^2-b^2y^2=c$ の各点において，$a^2x-b^2yy'=0$, $y'=\dfrac{a^2x}{b^2y}$ が成り立つ．よって，これらの曲線と直交する曲線は，$y'=-\dfrac{b^2y}{a^2x}$ をみたす．これを解いて，$y=C|x|^{-\frac{b^2}{a^2}}$ (C は任意定数)．

1.5　微分方程式の導き方は省く．この方程式は変数分離型だから，$\displaystyle\int\frac{\mathrm{d}r}{r}=\tan\alpha\int\mathrm{d}\theta+c$．よって，$r=a\mathrm{e}^{(\tan\alpha)\theta}$ (a は任意定数)．

1.6　(1)　$\dot{z}=F_x(x,y)g(x,y)+F_y(x,y)h(x,y)$.

(2)　(a), (b), (c)の順にそれぞれ

$$\begin{cases}\dot{x}=y\\ \dot{y}=-x(x^2-1)\\ \dot{z}=0\end{cases}\qquad\begin{cases}\dot{x}=y\\ \dot{y}=-x(x^2-1)-\mu y\\ \dot{z}=-\mu y^2\end{cases}\qquad\begin{cases}\dot{x}=-x(x^2-1)\\ \dot{y}=-y\\ \dot{z}=-x^2(x^2-1)^2-y^2\end{cases}$$

1.7　半円の場合，α をパラメータとして，$y=\alpha x+\sqrt{1+\alpha^2}$．楕円の場合，$y=\alpha x+\sqrt{a^2\alpha^2+b^2}$．

1.8　$x_{k+1}=x_k+\varepsilon(2-x_k)$, $k=0,1,2,\cdots$, $x_0=1$ より，$x_k=2-(1-\varepsilon)^k$ ($k=0,1,2,\cdots$)．これは近似解 $x^\varepsilon(t)$ の時刻 $t=k\varepsilon$ における値だから，$x^\varepsilon(k\varepsilon)=2-(1-\varepsilon)^k$．いま，$t>0$ を固定し，$\varepsilon=t/k$ とおいて $k\to\infty$ とすると

$$x^\varepsilon(t)=2-\left(1-\frac{t}{k}\right)^k\to 2-\mathrm{e}^{-t}$$

よって真の解に収束する．

1.9　$f(t)=\displaystyle\int_{t_0}^t\varphi(s)\mathrm{d}s$ とおくと，$f'(t)\leqq c+lf(t)$，ゆえに，$(\mathrm{e}^{-lt}f(t))'\leqq c\mathrm{e}^{-lt}$．これと $f(t_0)=0$ より，$f(t)\leqq\dfrac{c}{l}(\mathrm{e}^{l(t-t_0)}-1)$．ゆえに，$\varphi(t)\leqq c+lf(t)\leqq c\mathrm{e}^{l(t-t_0)}$．

1.10　ベキ級数の収束半径内で，$y'=a_1+2a_2x+3a_3x^2+\cdots$．これを方程式に代入すると，$a_1+2a_2x+3a_3x^2+\cdots=x+a_1x^2+a_2x^3+\cdots$．よって，$a_1=0$, $a_2=\dfrac{1}{2}$, $ka_k=a_{k-2}$ ($k=3,4,5,\cdots$)．これより $a_1=a_3=a_5=\cdots=0$ かつ，

$$a_{2k}=\frac{1}{2^k}\frac{1}{k!}\qquad(k=0,1,2,\cdots)$$

よって，

$$y=\sum_{k=0}^{\infty}\frac{1}{2^kk!}x^{2k}=\sum_{k=0}^{\infty}\frac{1}{k!}\left(\frac{x^2}{2}\right)^k=\mathrm{e}^{\frac{x^2}{2}}$$

このベキ級数の収束半径は ∞．

1.11　(1)

$$\frac{\mathrm{d}}{\mathrm{d}t}\det(x(t),\dot{x}(t))=\det(\dot{x}(t),\dot{x}(t))+\det(x(t),\ddot{x}(t))$$

上式右辺の第1項$=0$，第2項$=\det(x(t), f(x)x(t))=f(x)\det(x(t), x(t))=0$．よって，$\dfrac{\mathrm{d}}{\mathrm{d}t}\det(x(t), \dot{x}(t))=0$．

(2) $W=\det(x(t), \dot{x}(t))$ ($=$定数) とおくと，扇形図形の面積は

$$\left|\frac{1}{2}\int_{t_0}^{t_0+\Delta t}\det(x(t), \dot{x}(t))\,\mathrm{d}t\right| = \frac{1}{2}|W|\Delta t$$

(3) 簡単のため，太陽と惑星が平面 $\mathbf{R}^2$ 内に配置されていると考え，時刻 t における位置をそれぞれ $y(t), z(t)$ とする．他の天体の重力の影響を無視すると

$$\ddot{y} = -K\frac{y-z}{|y-z|^3}, \qquad \ddot{z} = -K\frac{z-y}{|z-y|^3}$$

ここで $K=G\,m_1m_2$ (ただし m_1 は太陽の質量，m_2 は惑星の質量，G は万有引力定数) である．太陽に対する惑星の相対位置 $z-y$ を x とおくと，上式から

$$\ddot{x} = -\frac{K}{|x|^3}x$$

よって(2)の結果が適用できる．

1.12 固有値は $\lambda=k^2\pi^2$ ($k=0, 1, 2, \cdots$)，対応する固有関数は $\cos k\pi x$ ($k=0, 1, 2, \cdots$)．

1.13 (1) 略．

(2) $\exp\left(\pm\dfrac{\pi}{2}\mathrm{i}\right)=\pm\mathrm{i}$ だから関係式はみたされる．よって $x(t)=\exp\left(\pm\dfrac{\pi}{2}\mathrm{i}t\right)$ は $(*)$ の解であり，これは周期4の周期関数である．

(3) 定数 λ を以下のように定めると，関数 $x(t)=\exp(\lambda t)$ は与えられた条件をみたす解になる．(イ) <u>$\mathrm{e}^{-1}<a<\pi/2$ のとき</u> $a=\dfrac{\beta}{\sin\beta}\exp\left(-\dfrac{\beta}{\tan\beta}\right)$ をみたす $0<\beta<\pi/2$ がただ1つ存在する．そこで

$$\lambda = -\frac{\beta}{\tan\beta}\pm\beta\mathrm{i}$$

とおく．(ロ) <u>$a=\mathrm{e}^{-1}$ のとき</u> $\lambda=-1$．(ハ) <u>$0<a<\mathrm{e}^{-1}$ のとき</u> $a=-\lambda\mathrm{e}^{\lambda}$ をみたす $\lambda<0$ がちょうど2つ存在する．

1.14 (1) J_n に対する漸化式から A_n の漸化式は容易に導かれる．これと $A_0=0$ より，$A_1=A_2=A_3=\cdots=0$ を得る．

(2) $J_{n+1}+2J_n'-J_{n-1}=\dfrac{n}{z}J_n+J_n'-J_{n-1}=\dfrac{n}{z}\left(\dfrac{n-1}{z}J_{n-1}-J_{n-1}'\right)+\left(\dfrac{n-1}{z}J_{n-1}-J_{n-1}'\right)'-J_{n-1}=-A_{n-1}=0$．

1.15 (1) $f''=f'+f$．

(2) $(1-t)f''=f'-f$．

第2章

2.1 例2.5と同様に(ただし任意定数は無視して)

$$x(t)=\frac{1}{D^2+k^2}g(t)=\frac{1}{2\mathrm{i}k}\left(\frac{1}{D-\mathrm{i}k}-\frac{1}{D+\mathrm{i}k}\right)g(t)$$

$$=\frac{1}{2\mathrm{i}k}\int_0^t\{\mathrm{e}^{\mathrm{i}k(t-s)}-\mathrm{e}^{-\mathrm{i}k(t-s)}\}g(s)\,\mathrm{d}s$$

$$=\frac{1}{k}\int_0^t\{\sin k(t-s)\}g(s)\,\mathrm{d}s$$

2.2 $b\to a$ のとき $\lambda_1,\lambda_2\to a$ であるから,

$$\mathrm{e}^{\lambda_1 t}\to\mathrm{e}^{at},\qquad \frac{1}{\lambda_2-\lambda_1}(\mathrm{e}^{\lambda_2 t}-\mathrm{e}^{\lambda_1 t})=\frac{\mathrm{e}^{(\lambda_2-\lambda_1)t}-1}{\lambda_2-\lambda_1}\mathrm{e}^{\lambda_1 t}\to t\mathrm{e}^{at}$$

2.3

$$\frac{\sin\omega t-\sin kt}{k^2-\omega^2}\qquad\left(\text{この解は }\omega\to k\text{ のとき}-\frac{1}{2k}t\cos kt\text{ に収束する}\right)$$

2.4 (1)

$$\begin{pmatrix}\ddot{x}\\ \ddot{y}\end{pmatrix}+\begin{pmatrix}0 & 1+\omega\\ -1-\omega & 0\end{pmatrix}\begin{pmatrix}\dot{x}\\ \dot{y}\end{pmatrix}-\omega\begin{pmatrix}x\\ y\end{pmatrix}=0$$

(2) (a) $c=0.4,\ \omega=0.1$ (b) $c=0.4,\ \omega=6$ (c) $c=0.4,\ \omega=6.1$ の場合を図示すると図1の通り.

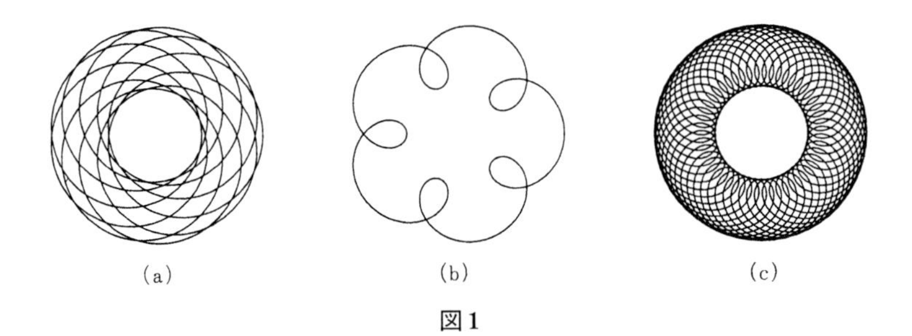

図1

(3) $\omega=q/p$ (p, q は整数で $p>0$)のとき $(x(t), y(t))$ が周期 $2p\pi$ の周期関数になるのは明らか. 逆に $(x(t), y(t))$ が周期 $T>0$ の周期関数であるとすると, $y(T)=y(0),\ x'(T)=x'(0)$ だから

$$\sin T+c\sin\omega T=0,\qquad -\sin T-c\omega\sin\omega T=0$$

これより $\omega=1$ または $\sin T=\sin\omega T=0$. 前者の場合 ω は明らかに有理数. 後者の場合, 適当な整数 $p>0$, q が存在して $T=2p\pi$, $\omega T=2q\pi$ が成り立つ. よって $\omega=q/p$ となり, この場合も有理数である.

2.5 (1) 微分演算子 D を用いて方程式を書き直すと

$$(D^2+a+b)y_1 = by_2, \qquad (D^2+c)y_2 = cy_1$$

第1式の両辺に D^2+c をほどこすと

$$(D^2+c)(D^2+a+b)y_1 = b(D^2+c)y_2 = bcy_1$$

すなわち，

$$\{D^4+(a+b+c)D^2+ac+bc\}y_1 = bcy_1$$

(2) 上の微分方程式は $(D^2+\alpha^2)(D^2+\beta^2)y_1=0$ と変形できる．よって一般解は C_1, C_2, C_3, C_4 を任意定数として

$$y_1(t) = C_1\cos\alpha t+C_2\sin\alpha t+C_3\cos\beta t+C_4\sin\beta t$$

と表わされる．これと $y_2=(D^2+a+b)y_1/b$ より

$$y_2(t) = \frac{a+b-\alpha^2}{b}(C_1\cos\alpha t+C_2\sin\alpha t)+\frac{a+b-\beta^2}{b}(C_3\cos\beta t+C_4\sin\beta t)$$

問題2.4と同様の議論により，α/β が有理数のときは $y_1(t), y_2(t)$ は周期関数であり，α/β が無理数のときは，$C_1=C_2=0$ または $C_3=C_4=0$ となる場合を除き周期関数にならないことがわかる．

2.6 (1) 行列 A の成分の絶対値の最大値を $\alpha(A)$ と書くことにすると，

$$\alpha(AB) \leqq n\alpha(A)\alpha(B)$$

が成り立つ．これより

$$\alpha(X^k) = \alpha(XX^{k-1}) \leqq n\alpha(X)\alpha(X^{k-1}) = nM\alpha(X^{k-1})$$

ゆえに，

$$\alpha(X^k) \leqq (nM)^{k-1}\alpha(X) = n^{k-1}M^k$$

(2) 行列 X^k の (i,j) 成分を $x_{ij}{}^{(k)}$ とおく．(1)の結果から

$$\begin{aligned}\sum_{k=0}^{\infty}\left|\frac{1}{k!}x_{ij}{}^{(k)}\right| &\leqq |x_{ij}{}^{(0)}|+\sum_{k=1}^{\infty}\frac{1}{k!}n^{k-1}M^k \\ &\leqq 1+\frac{1}{n}\sum_{k=1}^{\infty}\frac{1}{k!}(nM)^k \\ &= 1+\frac{1}{n}(e^{nM}-1) < \infty\end{aligned}$$

よって級数 $\sum_{k=0}^{\infty}\frac{1}{k!}X^k$ の (i,j) 成分は絶対収束する．

2.7 $Y_m(t) = \left(I+\frac{t}{m}A\right)^m$ とおくと

$$\dot{Y}_m(t) = m\left(I+\frac{t}{m}A\right)^{m-1}\frac{1}{m}A = AY_{m-1}(t)$$

よって，

$$Y_m(t) = Y_m(0) + \int_0^t AY_{m-1}(s)\,\mathrm{d}s = I + \int_0^t AY_{m-1}(s)\,\mathrm{d}s$$

ここで $m\to\infty$ とすると

$$Y(t) = I + \int_0^t AY(s)\,\mathrm{d}s$$

両辺を微分すると $\dot{Y}(t) = AY(t)$ を得る．$Y(0) = I$ は明らか．

2.8　$x_k(t) = \left(I + \frac{t}{1!}A + \cdots + \frac{t^k}{k!}A^k\right)\eta$．よって，$k\to\infty$ のとき $x_k(t) \to \mathrm{e}^{tA}\eta$．

2.9　差分公式 $\frac{x_{k+1} - x_k}{\varepsilon} = Ax_k$, $x_0 = \eta$ より，$x_k = (I+\varepsilon A)^k\eta$ $(k=0,1,2,\cdots)$．すなわち $x^\varepsilon(k\varepsilon) = (I+\varepsilon A)^k\eta$．いま，$t$ を固定し，$k\varepsilon = t$ という関係を保ちながら $\varepsilon\to 0$ とすると，$k\to\infty$ ゆえ

$$x^\varepsilon(t) = \left(I + \frac{t}{k}A\right)^k\eta \to \mathrm{e}^{tA}\eta$$

2.10　(1)

$$x_1(t) = \frac{2}{\mathrm{e}^t + \mathrm{e}^{-t}}, \qquad x_2(t) = \frac{\mathrm{e}^t - \mathrm{e}^{-t}}{4} + \frac{t}{\mathrm{e}^t + \mathrm{e}^{-t}}$$

とおくと，一般解は $Cx_1(t) + Wx_2(t)$（C, W は任意定数）．

(2)　同様に一般解は

$$\left\{C - \int x_2(s)g(s)\,\mathrm{d}s\right\}x_1(t) + \left\{W + \int x_1(s)g(s)\,\mathrm{d}s\right\}x_2(t) \qquad (C, W \text{ は任意定数})$$

2.11　s を任意に固定し，$H(t) = \Phi(t,s)^{\mathrm{T}}\Phi(t,s)$ とおく．$H(t) = I$ が成り立つことを示せばよい．

$$\begin{aligned}\frac{\mathrm{d}}{\mathrm{d}t}H(t) &= \left(\frac{\mathrm{d}}{\mathrm{d}t}\Phi(t,s)\right)^{\mathrm{T}}\Phi(t,s) + \Phi(t,s)^{\mathrm{T}}\frac{\mathrm{d}}{\mathrm{d}t}\Phi(t,s)\\ &= (A(t)\Phi(t,s))^{\mathrm{T}}\Phi(t,s) + \Phi(t,s)^{\mathrm{T}}A(t)\Phi(t,s)\\ &= \Phi(t,s)^{\mathrm{T}}A(t)^{\mathrm{T}}\Phi(t,s) + \Phi(t,s)^{\mathrm{T}}A(t)\Phi(t,s)\end{aligned}$$

$A(t)^{\mathrm{T}} = -A(t)$ より $\frac{\mathrm{d}}{\mathrm{d}t}H(t) = 0$．これと $H(0) = I$ より $H(t) = I$．

第3章

3.1　回転の向きの正負は $\det(x, \dot{x})$ の符号で定まる．しかるに

$$\det(x, \dot{x}) = c\left\{\left(x_1 + \frac{d-a}{2c}x_2\right)^2 + \frac{\beta^2}{c^2}{x_2}^2\right\}$$

だから，$\det(x, \dot{x})$ の符号と c の符号は一致する．

3.2　相図は図2の通り（ただし第Ⅰ象限のみ）．平衡点は下記の3個．

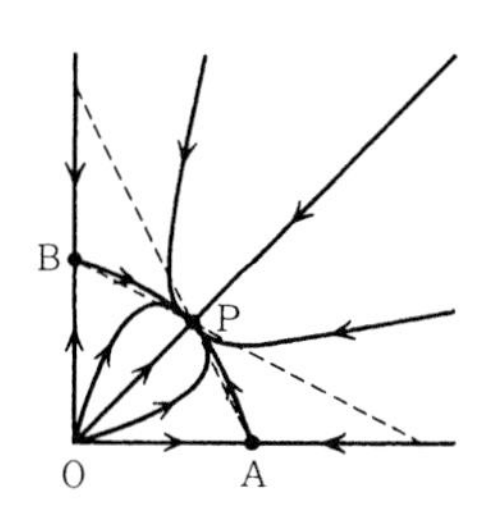

図2　2種競合系

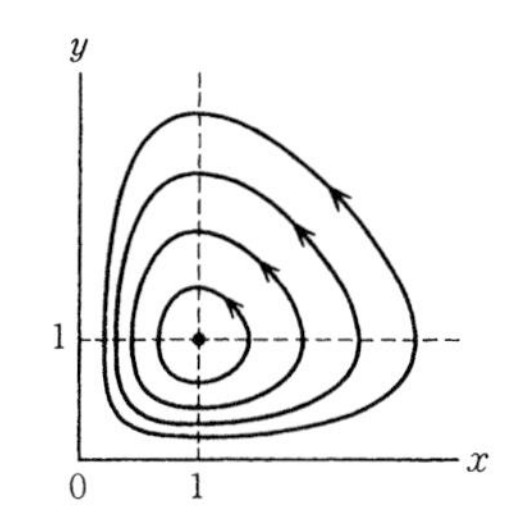

図3　Lotka-Volterra モデル

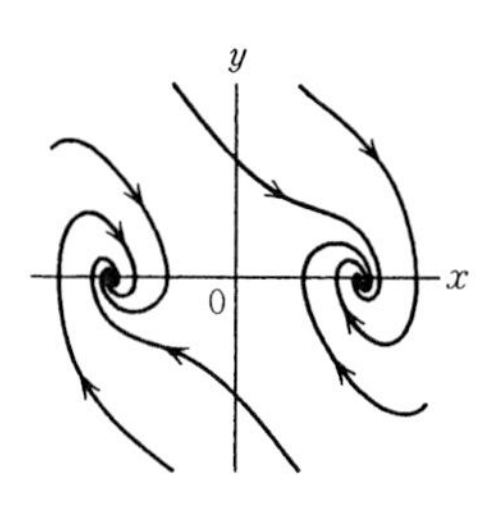

図4　Duffing 方程式

$$\mathrm{A}:\left(\frac{K_1}{a}, 0\right),\ \mathrm{B}:\left(0, \frac{K_2}{d}\right) \cdots\cdots \text{いずれも不安定(鞍点)}$$

$$\mathrm{P}:\left(\frac{dK_1-bK_2}{ad-bc}, \frac{aK_2-cK_1}{ad-bc}\right) \cdots\cdots \text{漸近安定}$$

3.3　(1)　$\dfrac{\mathrm{d}}{\mathrm{d}t}J(x(t), y(t))=\dfrac{\dot{x}}{x}+\dfrac{\dot{y}}{y}-\dot{x}-\dot{y}=0.$

(2)　図3の通り．

3.4　(1)　$\dfrac{\mathrm{d}}{\mathrm{d}t}J(x(t), y(t))=-a\{y(t)\}^2\leqq 0.$

(2)　上の不等式から $J(x(t), y(t))\leqq J(x(0), y(0))$ が任意の $t\geqq 0$ に対して成り立つ．つまり，解は集合

$$K=\{(x, y)\in\mathbf{R}^2 | J(x, y)\leqq J(x(0), y(0))\}$$

の中に閉じ込められている．$|x|, |y|\to\infty$ のとき $J(x, y)\to\infty$ となるから，K は平面上の有界な集合である．

(3)　定理3.6より閉軌道上でLyapunov関数は一定値をとらねばならないから，(1)の結果より $y(t)\equiv 0$．これより $x(t)\equiv$定数となり，閉軌道であることに矛盾する．

(4)　図4参照．

3.5　$J(x, y, z)=\rho x^2+\sigma y^2+\sigma(z-2\rho)^2$ とおくと，

$$\begin{aligned}\frac{\mathrm{d}}{\mathrm{d}t}J(x, y, z) &= -2\sigma\left\{\rho x^2+y^2+\frac{\beta}{2}(z-2\rho)^2+\frac{\beta}{2}z^2-2\beta\rho^2\right\}\\ &\leqq 4\beta\sigma\rho^2-2\sigma mJ(x, y, z)\end{aligned}$$

ここで $m=\min\{1, 1/\sigma, \beta/2\sigma\}$．これより

$$\limsup_{t\to\infty} J(x, y, z)\leqq\frac{2\beta\rho^2}{m}$$

よって，$c>2\beta\rho^2/m$ となるように c を選べばよい．

3.6 定理3.8の証明を少し手直ししても示せるが，以下ではGauss-Greenの定理を用いる方法を紹介する．まず，$D(t)$ の境界 $\Gamma(t)$ が滑らかな場合，$\Gamma(t)$ の各点 x における外向き法線ベクトルを $\boldsymbol{\nu}(x)$ とおくと，

$$\frac{\mathrm{d}}{\mathrm{d}t}|D(t)| = \int_{\Gamma(t)} \frac{\mathrm{d}x}{\mathrm{d}t}\cdot\boldsymbol{\nu}(x)\,\mathrm{d}S_x = \int_{\Gamma(t)} f(x)\cdot\boldsymbol{\nu}(x)\,\mathrm{d}S_x$$

Gauss-Greenの公式より右辺は $\int_{D(t)} \mathrm{div}\, f(x)\,\mathrm{d}x$ に等しい．$D(t)$ の境界が必ずしも滑らかでない場合は，これを境界が滑らかな領域で近似して極限をとればよい．

3.7 閉軌道 Γ が存在したとして，Γ で囲まれる領域を D とおく．D は不変領域だから問題3.6の公式から

$$0 = \iint_D \mathrm{div}\begin{pmatrix} f \\ g \end{pmatrix}\mathrm{d}x\mathrm{d}y = \iint_D \left(\frac{\partial f}{\partial x} + \frac{\partial g}{\partial y}\right)\mathrm{d}x\mathrm{d}y$$

これは $\partial f/\partial x + \partial g/\partial y > 0$ がほとんどいたる所で成り立つという仮定に矛盾する．

3.8 中心多様体は $y = bx^2 + 2b(c-a-b)x^4 + O(x^6)$ の形で与えられる．中心多様体上の解の x 成分は次の微分方程式をみたす．

$$\dot{x} = (a+b)x^3 + 2b(c-a-b)x^5 + O(x^7)$$

よって $a+b=0$ の場合は，$bc<0$ のとき原点は安定，$bc>0$ のとき不安定．

3.9 放物線 $y=x^2$．

3.10 閉曲線のパラメータ表示を $(x, y) = (u_1(t), u_2(t))$, $0 \leqq t \leqq 1$, とすると，Euler-Lagrange方程式は

$$\begin{pmatrix} 0 & 1 \\ -1 & 0 \end{pmatrix}\dot{u} + \lambda\frac{\mathrm{d}}{\mathrm{d}t}\left(\frac{\dot{u}}{|\dot{u}|}\right) = 0 \qquad \text{ただし} \quad u = \begin{pmatrix} u_1 \\ u_2 \end{pmatrix}$$

これを変形してスカラーの微分方程式

$$\frac{\dot{u}_1\ddot{u}_2 - \ddot{u}_1\dot{u}_2}{((\dot{u}_1)^2 + (\dot{u}_2)^2)^{3/2}} = \frac{1}{\lambda}$$

が得られる．左辺は曲線の曲率にほかならないから，解は曲率一定の閉曲線，すなわち円である．

3.11 (1) $\dot{z} = f_x p + f_y q$ より明らか．

(2) Euler方程式は次の連立方程式に書かれる．

$$\left(\frac{\dot{x}}{\sqrt{\dot{x}^2+\dot{y}^2+\dot{z}^2}}\right)^{\cdot} + f_x\left(\frac{\dot{z}}{\sqrt{\dot{x}^2+\dot{y}^2+\dot{z}^2}}\right)^{\cdot} = 0$$

$$\left(\frac{\dot{y}}{\sqrt{\dot{x}^2+\dot{y}^2+\dot{z}^2}}\right)^{\cdot} + f_y\left(\frac{\dot{z}}{\sqrt{\dot{x}^2+\dot{y}^2+\dot{z}^2}}\right)^{\cdot} = 0$$

ただし，$\dot{z} = f_x(x, y)\dot{x} + f_y(x, y)\dot{y}$ である．上式を $\ddot{z} = f_x\ddot{x} + f_y\ddot{y} + f_{xx}\dot{x}^2 + 2f_{xy}\dot{x}\dot{y}$

$+f_{yy}\dot{y}^2$ を用いながら変形すると求める関係式が得られる．

(3) まず，点 $\mathrm{P}=(x_0, y_0, z_0)$ における S の接平面 T が xy 平面に平行な場合を考える．このとき曲線 Γ は $(x(t), y(t), z_0)$ とパラメータ表示され，その曲率は $(\dot{x}\ddot{y}-\ddot{x}\dot{y})/(\dot{x}^2+\dot{y}^2)^{3/2}$ で与えられる．(2)の関係式および $f_x(x_0, y_0)=0,\ f_y(x_0, y_0)=0$ より，この曲率は点 $\mathrm{P}=(x_0, y_0, z_0)$ で 0 になることがわかる．

次に一般の場合は，座標軸を回転して新しい座標系 $(\tilde{x}, \tilde{y}, \tilde{z})$ を導入し，接平面が $\tilde{x}\tilde{y}$ 平面に平行になるようにする．点 P の近傍で曲面 S を $\tilde{z}=\tilde{f}(\tilde{x}, \tilde{y})$ という形に書き表わしておく．曲線の長さは新座標系でも

$$\int_0^1 \sqrt{(\dot{\tilde{x}})^2+(\dot{\tilde{y}})^2+(\dot{\tilde{z}})^2}\,\mathrm{d}t$$

という形に書けるから，この汎関数の Euler 方程式をたてることにより，(2)とまったく同じ形の関係式が関数 $\tilde{f}(\tilde{x}, \tilde{y})$ に対して得られる．(これは(2)の関係式を新座標で書き直したものにほかならない．) 先ほどの結果を適用して，曲線 Γ の点 P での曲率(新座標で計算したもの)が 0 になることがわかる．曲率は座標の回転で変化しないから，所期の結論が得られる．

3.12 極座標 $x_1=r\cos\theta,\ x_2=r\sin\theta$ および $x_3=\rho\cos\xi,\ x_4=\rho\sin\xi$ を用いると方程式は次のように変形できる．

$$\dot{r}=\lambda r-r^3, \qquad \dot{\theta}=1, \qquad \dot{\rho}=(\lambda-1)\rho-\rho^3, \qquad \dot{\xi}=a$$

これより，$r(0)>0,\ \rho(0)>0$ なら以下が成立する．

$$\begin{array}{ll} \lambda<0 \text{ のとき} & r(t)\to 0,\ \rho(t)\to 0 \quad (t\to\infty) \\ 0<\lambda<1 \text{ のとき} & r(t)\to\sqrt{\lambda},\ \rho(t)\to 0 \quad (t\to\infty) \\ \lambda>1 \text{ のとき} & r(t)\to\sqrt{\lambda},\ \rho(t)\to\sqrt{\lambda-1} \quad (t\to\infty) \end{array}$$

よって $\lambda<0$ のとき任意の解は原点に引き寄せられ，$0<\lambda<1$ のときは閉軌道 $x_1^2+x_2^2=\lambda,\ x_3=x_4=0$ に引き寄せられる．また，$\lambda>1$ のときに現れる解

$$r=\sqrt{\lambda}, \qquad \dot{\theta}=1, \qquad \rho=\sqrt{\lambda-1}, \qquad \dot{\xi}=a$$

は，a が無理数だから 2 重周期解であり，その極限集合はトーラス $x_1^2+x_2^2=\lambda,\ x_3^2+x_4^2=\lambda-1$ である．

3.13 線形化方程式 $\mathrm{d}y/\mathrm{d}t=Ay$ の素解は $\Phi(t, s)=\exp((t-s)A)$ だから，

$$\sqrt{\Phi(t, 0)^*\Phi(t, 0)}=\exp\left(\frac{t}{2}(A^*+A)\right)$$

よってこの行列の固有値は，大きいものから順に $\mathrm{e}^{\lambda_1 t}, \mathrm{e}^{\lambda_2 t}, \cdots, \mathrm{e}^{\lambda_n t}$ となる．これと公式(A3.4)から，

$$\mu_1 + \cdots + \mu_k = \lambda_1 + \cdots + \lambda_k \qquad (k = 1, 2, \cdots, n)$$

よって $\mu_k = \lambda_k$ $(k=1, 2, \cdots, n)$ が成り立つ．

欧文索引

和文索引

ア 行

タ 行

ナ 行

ハ 行

マ 行

ヤ 行

ラ 行

■岩波オンデマンドブックス■

常微分方程式入門——基礎から応用へ

2003年 7月29日　第1刷発行
2009年 4月 3日　第3刷発行
2015年 6月10日　オンデマンド版発行
著　者　保野　博（またの ひろし）
発行者　岡本　厚

発行所　株式会社 岩波書店
〒101-8002 東京都千代田区一ツ橋 2-5-5
電話案内 03-5210-4000
http://www.iwanami.co.jp/

印刷／製本・法令印刷
© Hiroshi Matano 2015
ISBN 978-4-00-730218-3　　Printed in Japan